夏休みドリル これだけは！ 6年生の漢字

あ行

胃	9画	イ	●胃薬《いぐすり》
異	11画	イ こと	●異国《いこく》
遺	15画	イ（ユイ）	●遺産《いさん》
域	11画		
宇	6画	ウ	●宇宙《うちゅう》
灰	6画	（カイ） はい	●灰色《はいいろ》
拡	8画	カク	●拡大《かくだい》
革	9画	カク （かわ）	●革命《かくめい》
閣	14画	カク	●閣議《かくぎ》
割	12画	（カツ） わる わり われる （さく）	●割合《わりあい》
株	10画	かぶ	●株主《かぶぬし》
揮	12画	キ	●指揮者《しきしゃ》
貴	12画	キ （たっとい たっとぶ とうとい とうとぶ）	●貴族《きぞく》
疑	14画	ギ うたがう	●疑問《ぎもん》
吸	6画	キュウ すう	●吸収《きゅうしゅう》
供	8画	キョウ（ク） そなえる とも	●提供《ていきょう》
胸	10画	キョウ むね （むな）	●度胸《どきょう》
劇	15画	ゲキ	●劇場《げきじょう》
激	16画	ゲキ はげしい	●感激《かんげき》
穴	5画	（ケツ） あな	●穴場《あなば》
券	8画	ケン	●乗車券《じょうしゃけん》
絹	13画	（ケン） きぬ	●絹糸《きぬいと》
権	15画	ケン （ゴン）	●権限《けんげん》
后	6画	コウ	●皇后《こうごう》
孝	7画	コウ	●孝行《こうこう》
皇	9画	コウ オウ	●皇太子《こうたいし》
紅	9画	コウ（ク） べに （くれない）	●紅葉《こうよう》
降	10画	コウ おりる おろす ふる	●降雨《こうう》
鋼	16画	コウ （はがね）	●鋼鉄《こうてつ》
座	10画	ザ （すわる）	●座席《ざせき》
済	11画	サイ すむ すます	●経済《けいざい》
裁	12画	サイ さばく （たつ）	●裁判《さいばん》
策	12画	サク	●対策《たいさく》
冊	5画	サツ （サク）	●冊子《さっし》
蚕	10画	サン かいこ	●養蚕《ようさん》
磁	14画	ジ	●磁石《じしゃく》
射	10画	シャ いる	●射的《しゃてき》
捨	11画	シャ すてる	●四捨五入《ししゃごにゅう》
尺	4画	シャク	●縮尺《しゅくしゃく》
若	8画	（ジャク ニャク） わかい （もしくは）	●若葉《わかば》
樹	16画	ジュ	●樹木《じゅもく》
縮	17画	シュク ちぢむ ちぢまる ちぢめる ちぢれる ちぢらす	●縮小《しゅくしょう》
熟	15画	ジュク （うれる）	●熟読《じゅくどく》
純	10画	ジュン	●純真《じゅんしん》
処	5画	ショ	●処置《しょち》
署	13画	ショ	●消防署《しょうぼうしょ》
諸	15画	ショ	●諸国《しょこく》

- **針** 10画 シン はり ●方針《ほうしん》
- **仁** 4画 ジン (ニ) ●仁義《じんぎ》
- **垂** 8画 スイ たれる たらす ●垂直《すいちょく》
- **推** 11画 スイ (おす) ●推理《すいり》
- **寸** 3画 スン ●寸前《すんぜん》
- **盛** 11画 もる (さかる) (さかん) ●山盛《やまも》り
- **洗** 9画 セン あらう ●洗面器《せんめんき》
- **染** 9画 (セン) そめる そまる (しみる しみ) ●赤《あか》く染《そ》める
- **銭** 14画 セン (ぜに) ●銭湯《せんとう》
- **善** 12画 ゼン よい ●善悪《ぜんあく》
- **奏** 9画 ソウ (かなでる) ●演奏《えんそう》
- **窓** 11画 ソウ まど ●同窓会《どうそうかい》
- **存** 6画 ソン ゾン ●存在《そんざい》
- **尊** 12画 ソン たっとい とうとい たっとぶ とうとぶ ●尊敬《そんけい》

た行

- **退** 9画 タイ しりぞく しりぞける ●退場《たいじょう》
- **宅** 6画 タク ●住宅《じゅうたく》
- **担** 8画 タン (かつぐ) (になう) ●担当《たんとう》
- **忠** 8画 チュウ ●忠告《ちゅうこく》
- **著** 11画 チョ (あらわす いちじるしい) ●著書《ちょしょ》
- **庁** 5画 チョウ ●庁舎《ちょうしゃ》
- **頂** 11画 チョウ いただく いただき ●頂上《ちょうじょう》
- **腸** 13画 チョウ ●大腸《だいちょう》
- **潮** 15画 チョウ しお ●満潮《まんちょう》
- **糖** 16画 トウ ●砂糖《さとう》
- **届** 8画 とどける とどく ●届《とど》け出《で》

な行

- **難** 18画 ナン むずかしい (かたい) ●難題《なんだい》
- **乳** 8画 ニュウ ちち (ち) ●牛乳《ぎゅうにゅう》
- **認** 14画 (ニン) みとめる ●才能《さいのう》を認《みと》める
- **肺** 9画 ハイ ●肺活量《はいかつりょう》
- **俳** 10画 ハイ ●俳句《はいく》
- **班** 10画 ハン ●班長《はんちょう》
- **晩** 12画 バン ●晩年《ばんねん》
- **否** 7画 ヒ (いな) ●否定《ひてい》
- **批** 7画 ヒ ●批評《ひひょう》
- **閉** 11画 ヘイ とじる しめる しまる (とざす) ●閉館《へいかん》
- **片** 4画 (ヘン) かた ●片方《かたほう》
- **補** 12画 ホ おぎなう ●補給《ほきゅう》
- **暮** 14画 (ボ) くれる くらす ●夕暮《ゆうぐ》れ
- **宝** 8画 ホウ たから ●国宝《こくほう》
- **訪** 11画 ホウ たずねる (おとずれる) ●訪問《ほうもん》
- **密** 11画 ミツ ●密着《みっちゃく》
- **盟** 13画 メイ ●同盟《どうめい》
- **模** 14画 モ ボ ●規模《きぼ》

や行

- **訳** 11画 ヤク わけ ●通訳《つうやく》
- **郵** 11画 ユウ ●郵便《ゆうびん》
- **翌** 11画 ヨク ●翌日《よくじつ》

ら行

- **乱** 7画 ラン みだれる みだす ●乱雑《らんざつ》
- **卵** 7画 (ラン) たまご ●卵焼《たまごや》き
- **覧** 17画 ラン ●展覧会《てんらんかい》
- **裏** 13画 (リ) うら ●裏側《うらがわ》

聖
●神聖

誠 13画
(まこと)
●誠実《せいじつ》

舌 6画
した
●

宣 9画
●宣言《せんげん》

専 9画
(もっぱら)
●専門《せんもん》

泉 9画
いずみ
●温泉《おんせん》

創
ソウ
つくる
●創作《そうさく》

装 12画
ソウ
(ショウ)
(よそおう)
●服装《ふくそう》

層 14画
ソウ
●地層《ちそう》

操 16画
ソウ
(あやつる
みさお)
●操作《そうさ》

蔵 15画
ゾウ
(くら)
●冷蔵庫《れいぞうこ》

臓 19画
ゾウ
●心臓《しんぞう》

探
タン
さがす
(さぐる)
●探検《たんけん》

誕 15画
タン
●誕生《たんじょう》

段 9画
ダン
●階段《かいだん》

暖 13画
ダン
あたたか
あたたかい
あたたまる
あたためる
●寒暖《かんだん》

値 10画
チ
ね
(あたい)
●値段《ねだん》

宙 8画
チュウ
●宙返《ちゅうがえ》り

賃
チン
●賃金《ちんぎん》

痛 12画
ツウ
いたい
いたむ
いためる
●痛快《つうかい》

敵 15画
テキ
(かたき)
●敵対《てきたい》

展 10画
テン
●展示《てんじ》

討 10画
トウ
(うつ)
●討論《とうろん》

党 10画
トウ
●政党《せいとう》

納
ノウ (ナッ
ナ ナン トウ)
おさめる
おさまる
●納税《のうぜい》

脳 11画
ノウ
●頭脳《ずのう》

は行

派 9画
ハ
●派生《はせい》

拝 8画
ハイ
おがむ
●拝見《はいけん》

背 9画
ハイ
せ せい
(そむく
そむける)
●背景《はいけい》

秘
ヒ
(ひめる)
●秘密《ひみつ》

俵 10画
ヒョウ
たわら
●土俵《どひょう》

腹 13画
フク
はら
●腹話術《ふくわじゅつ》

奮 16画
フン
ふるう
●興奮《こうふん》

並 8画
(ヘイ)
なみ ならべる
ならぶ
ならびに
●並木《なみき》

陛 10画
ヘイ
●陛下《へいか》

亡
ボウ
(モウ)
(ない)
●亡命《ぼうめい》

忘 7画
(ボウ)
わすれる
●忘《わす》れ物《もの》

棒 12画
ボウ
●鉄棒《てつぼう》

ま行

枚 8画
マイ
●枚数《まいすう》

幕 13画
マク
バク
●幕府《ばくふ》

優
ユウ
(やさしい
すぐれる)
●優勝《ゆうしょう》

預 13画
ヨ
あずける
あずかる
●預金《よきん》

幼 5画
ヨウ
おさない
●幼虫《ようちゅう》

欲 11画
ヨク
(ほしい
ほっする)
●食欲《しょくよく》

律
リツ
(リチ)
●法律《ほうりつ》

臨 18画
リン
(のぞむ)
●臨時《りんじ》

朗 10画
ロウ
(ほがらか)
●朗読《ろうどく》

論 15画
ロン
●結論《けつろん》

191字

■漢字の下にあるのは読み方で、かたかなは音読み、ひらがなは訓読みです。赤い字は送りがなです。
■( )は、小学校では習わない読み方です。
■●は、使い方の例です。
■漢字は、音読み（音のない字は訓読み）の順番でならんでいます。使い方の例といっしょに覚えましょう。

漢字	画数	読み	使い方の例
映		エイ / うつる / うつす / (はえる)	●映画《えいが》
延	8画	エン / のびる / のべる / のばす	●延長《えんちょう》
沿	8画	エン / そう	●沿岸《えんがん》
恩	10画	オン	●恩人《おんじん》

か行

漢字	画数	読み	使い方の例
我	7画	(ガ) / われ / (わ)	●我先《われさき》
干		カン / ほす / (ひる)	●干潮《かんちょう》
巻	9画	カン / まく / まき	●巻末《かんまつ》
看	9画	カン	●看病《かんびょう》
簡	18画	カン	●簡単《かんたん》
危	6画	キ / あぶない / (あやうい) / (あやぶむ)	●危険《きけん》
机	6画	(キ) / つくえ	●勉強机《べんきょうづくえ》
郷		キョウ / (ゴウ)	●故郷《こきょう》
勤	12画	キン / (ゴン) / つとめる / つとまる	●勤勉《きんべん》
筋	12画	キン / すじ	●筋肉《きんにく》
系	7画	ケイ	●系図《けいず》
敬	12画	ケイ / うやまう	●敬意《けいい》
警	19画	ケイ	●警護《けいご》
憲		ケン	●憲法《けんぽう》
源	13画	ゲン / みなもと	●源流《げんりゅう》
厳	17画	ゲン / (ゴン) / きびしい / (おごそか)	●厳選《げんせん》
己	3画	コ / (キ) / (おのれ)	●自己《じこ》
呼	8画	コ / よぶ	●呼吸《こきゅう》
誤	14画	ゴ / あやまる	●誤解《ごかい》
刻		コク / きざむ	●時刻《じこく》
穀	14画	コク	●穀物《こくもつ》
骨	10画	コツ / ほね	●骨格《こっかく》
困	7画	コン / こまる	●困難《こんなん》

さ行

漢字	画数	読み	使い方の例
砂	9画	サ / (シャ) / すな	●砂鉄《さてつ》
至		シ / いたる	●至急《しきゅう》
私	7画	シ / わたくし / わたし	●私服《しふく》
姿	9画	シ / すがた	●姿勢《しせい》
視	11画	シ	●視力《しりょく》
詞	12画	シ	●歌詞《かし》
誌	14画	シ	●雑誌《ざっし》
収		シュウ / おさめる / おさまる	●収集《しゅうしゅう》
宗	8画	シュウ / (ソウ)	●宗教《しゅうきょう》
就	12画	シュウ / (ジュ) / (つく　つける)	●就職《しゅうしょく》
衆	12画	シュウ / (シュ)	●大衆《たいしゅう》
従	10画	ジュウ / (ショウ　ジュ) / したがう / したがえる	●従事《じゅうじ》
縦	16画	ジュウ / たて	●縦断《じゅうだん》
除		ジョ / (ジ) / のぞく	●除雪《じょせつ》
承	8画	ショウ / (うけたまわる)	●承知《しょうち》
将	10画	ショウ	●将来《しょうらい》
傷	13画	ショウ / きず / (いたむ) / (いためる)	●負傷《ふしょう》
障	14画	ショウ / (さわる)	●障害物《しょうがいぶつ》
蒸	13画	ジョウ / (むす　むれる) / (むらす)	●蒸発《じょうはつ》

夏《なつ》休《やす》み おやくだち シール

▼ドリルをやったらはろう！（あまったシールは自由《じゆう》に使《つか》ってね。）

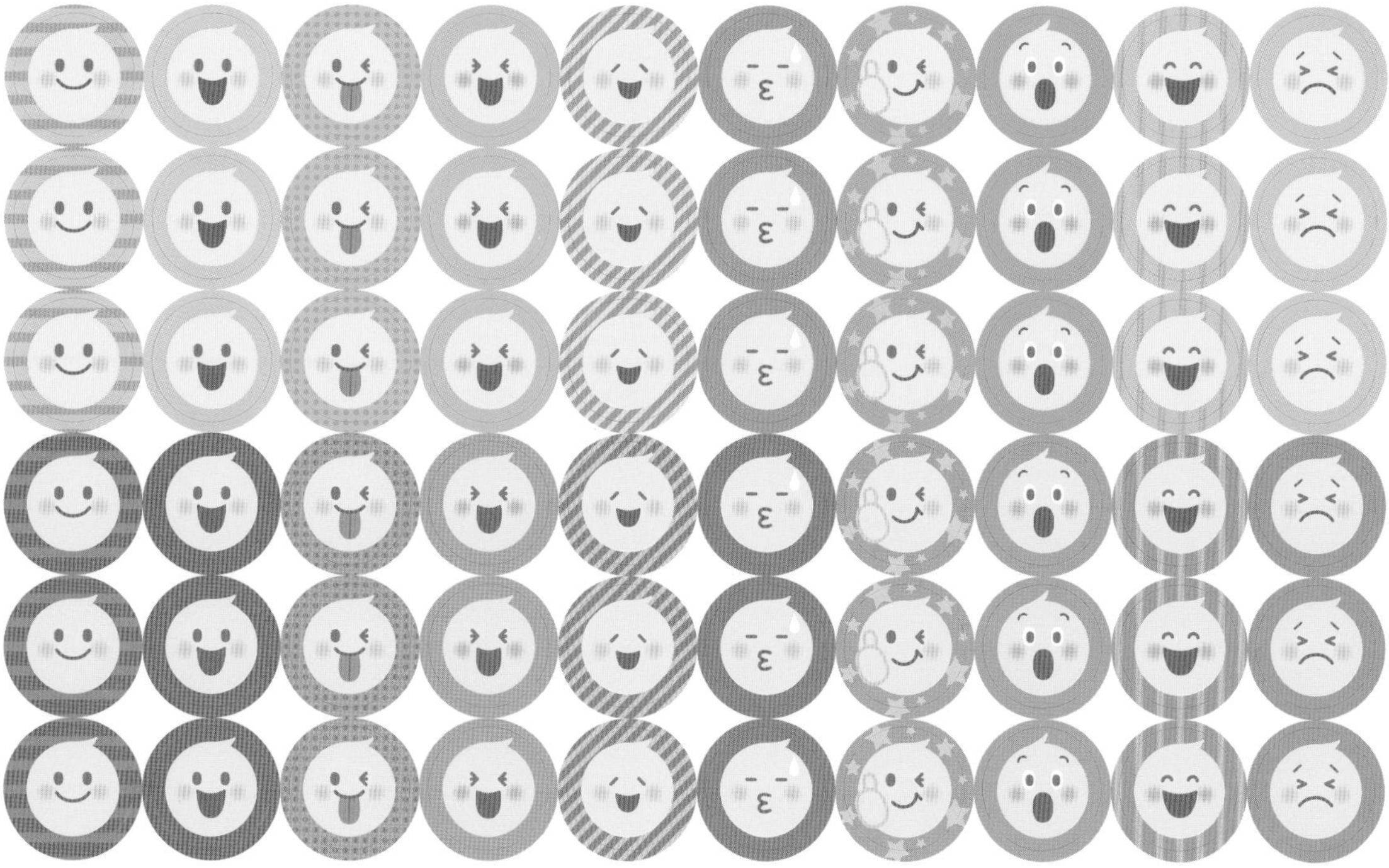

▼手帳《てちょう》やカレンダーにはって使《つか》おう！

じゅく・習《なら》い事《ごと》

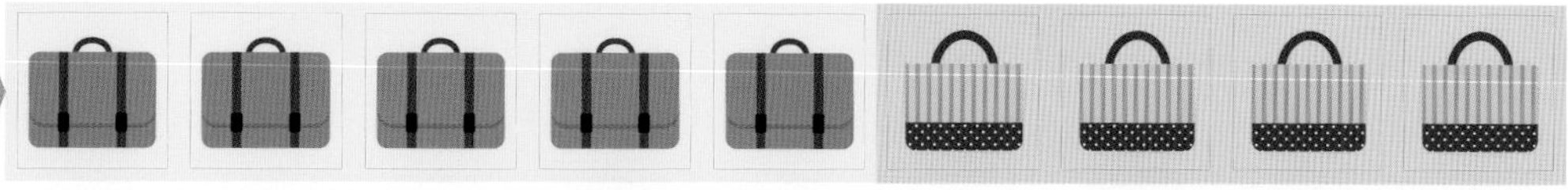

宿題《しゅくだい》・勉強《べんきょう》

友《とも》だちと遊《あそ》ぶ

海《うみ》・プール

お祭《まつ》り・花火《はなび》

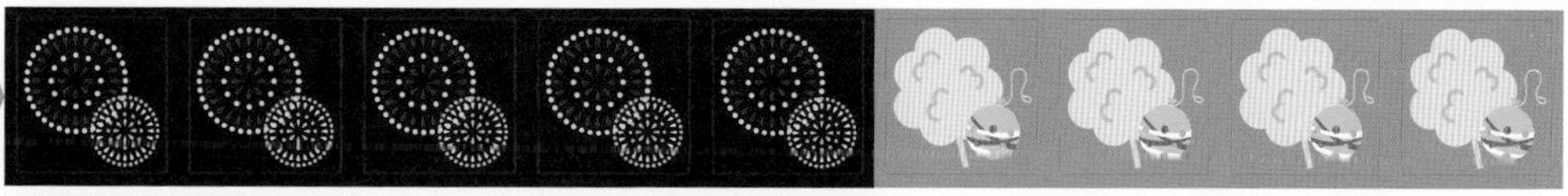

旅行《りょこう》・外出《がいしゅつ》

大事《だいじ》な予定《よてい》

夏休みドリル

算数

小学6年

ドリルをやり終わったら、
得点を書いて、
シールをはりましょう。

目次

算数 1

月　　日

5年生の復習

1 計算をしましょう。わり算はわり切れるまで計算しましょう。

1つ6点→30点

① $\begin{array}{r} 8.37 \\ \times\ 1.6 \\ \hline \end{array}$

② $2.6\,\overline{)\,34.71}$

③ $\begin{array}{r} 1.25 \\ \times\ 4.9 \\ \hline \end{array}$

④ $2\frac{9}{10}+5\frac{1}{5}=$

⑤ $3\frac{1}{8}-\frac{7}{12}=$

2 次の図形の面積を求めましょう。

式6点、答え6点→12点

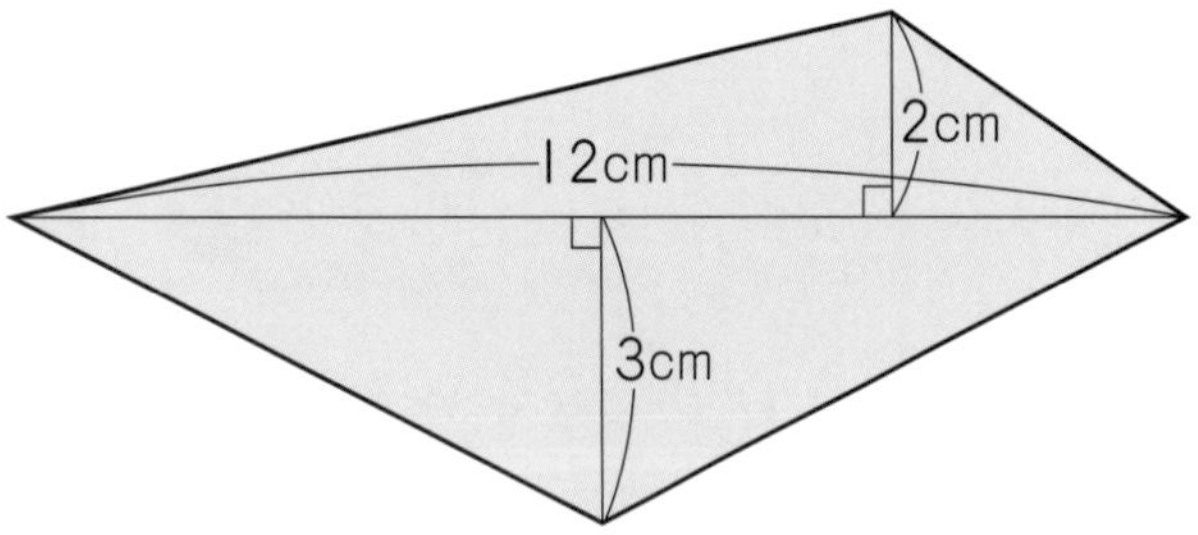

式

答え（　　　　　　）

学習のポイント

5年の学習内容の小数、分数、面積、体積、図形の角、速さ、割《わり》合《あい》の問題です。計算方法や公式などを思い出して解きましょう。

得点

点

シール

3 次の立体の体積を求めましょう。　式7点、答え7点→14点

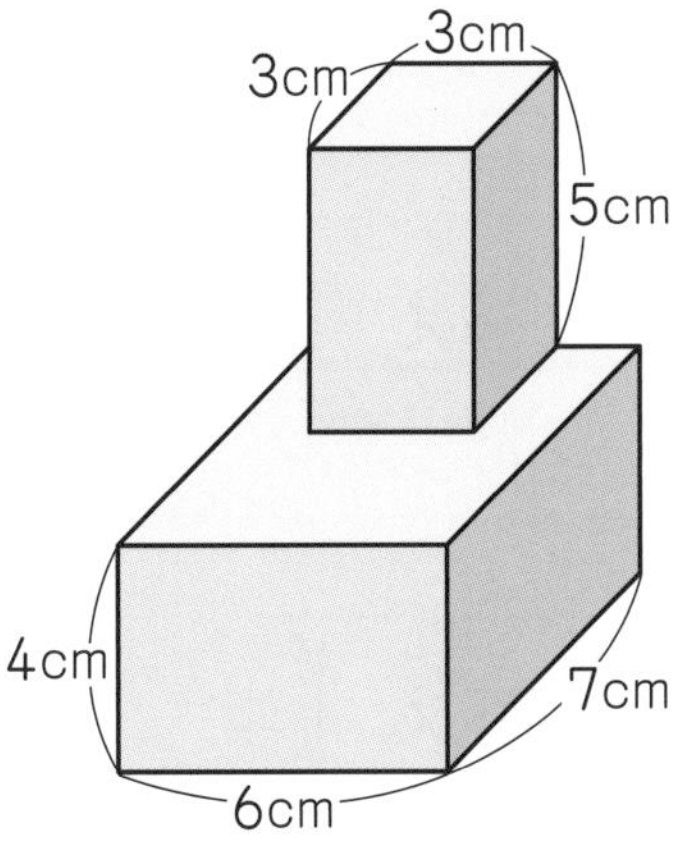

式

答え（　　　　　）

4 次の図形の角㋐と角㋑の大きさを計算で求めましょう。　1つ6点→12点

①

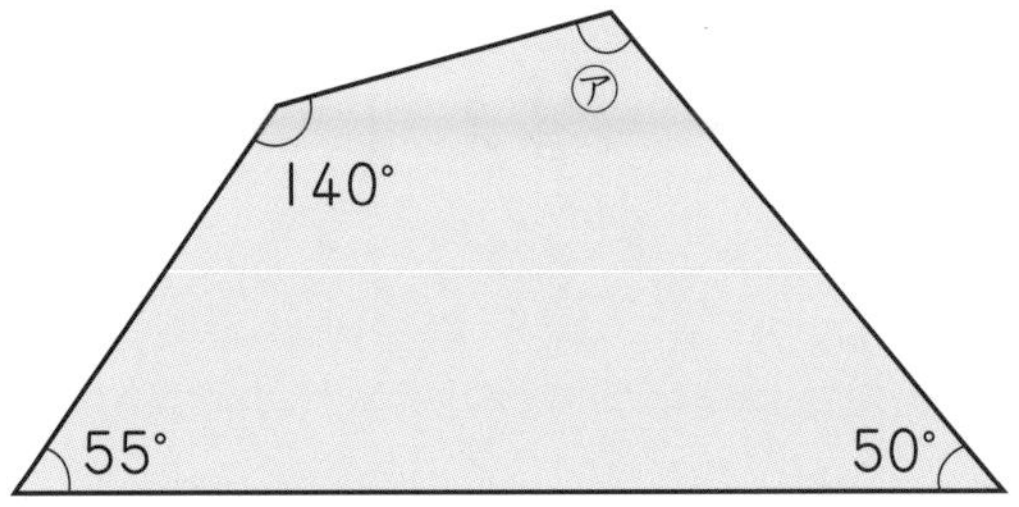

㋐（　　　　　）

②

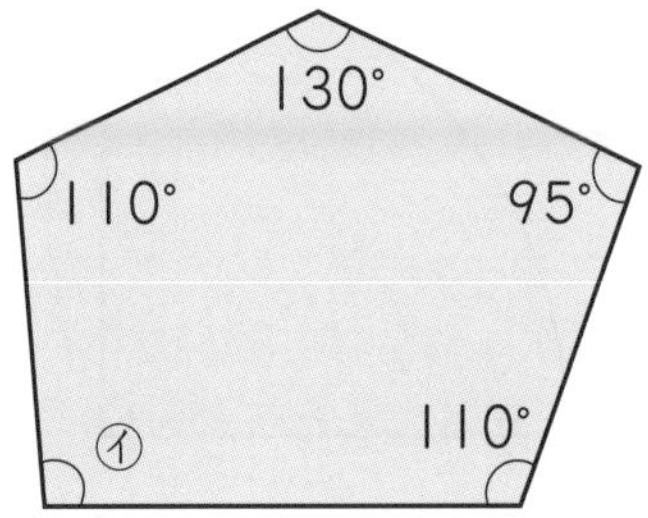

㋑（　　　　　）

5 次の問題に答えましょう。　式8点、答え8点→32点

①　時速80kmで走る自動車が100km進むのにかかる時間は何分でしょうか。

式

答え（　　　　　）

②　6年生125人のうち、45人がキャンプに行ったことがあります。これは6年生全体の何％にあたりますか。

式

答え（　　　　　）

算数 2

月　日

円の面積

1 次の図形の面積と周りの長さを求めましょう。

式4点、答え4点→32点

①

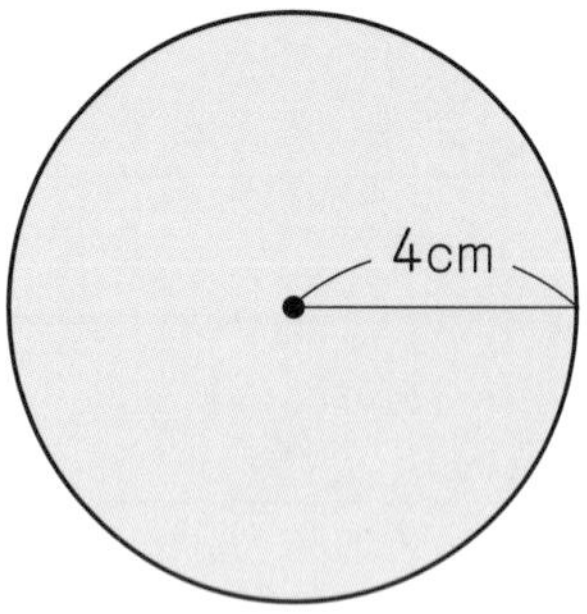

面積　式

答え（　　　）

周りの長さ　式

答え（　　　）

②

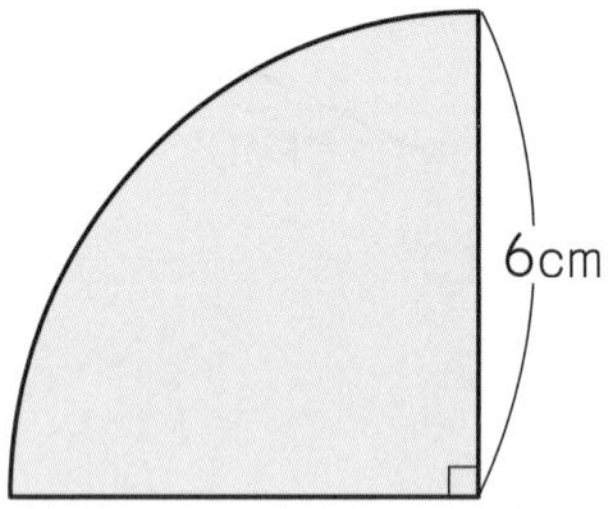

面積　式

答え（　　　）

周りの長さ　式

答え（　　　）

2 直径 10cm の円の面積と円周を求めましょう。

式5点、答え4点→18点

面積　式　答え（　　　）

円周　式　答え（　　　）

3 円周 37.68cm の円の面積を求めましょう。

式5点、答え5点→10点

式　答え（　　　）

学習のポイント

円周＝直径× 3.14、円の面積＝半径×半径× 3.14 です。複雑な円の面積もこの公式を使って求められます。

得点

点

シール

4 色をぬった部分の面積を求めましょう。

式５点、答え５点→ 40 点

①

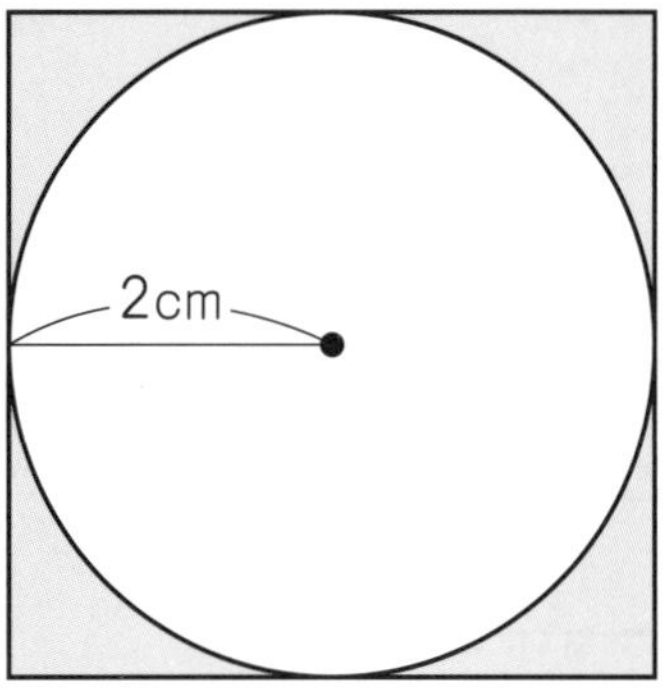

式

答え（　　　　　　）

②

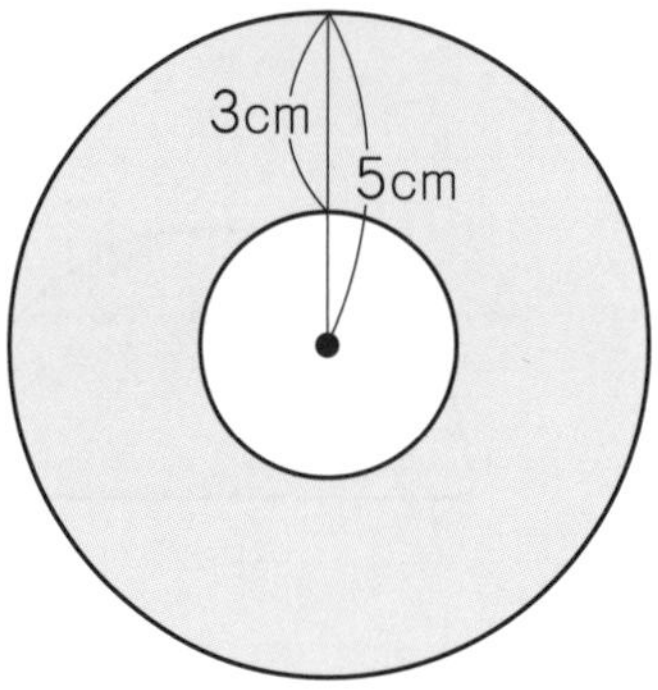

式

答え（　　　　　　）

③

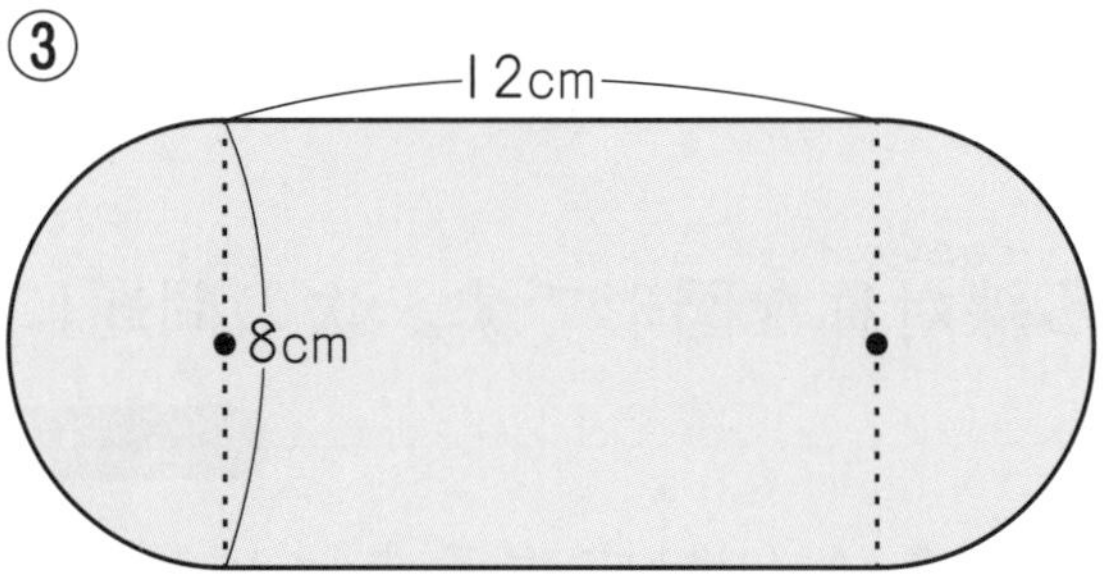

式

答え（　　　　　　）

④

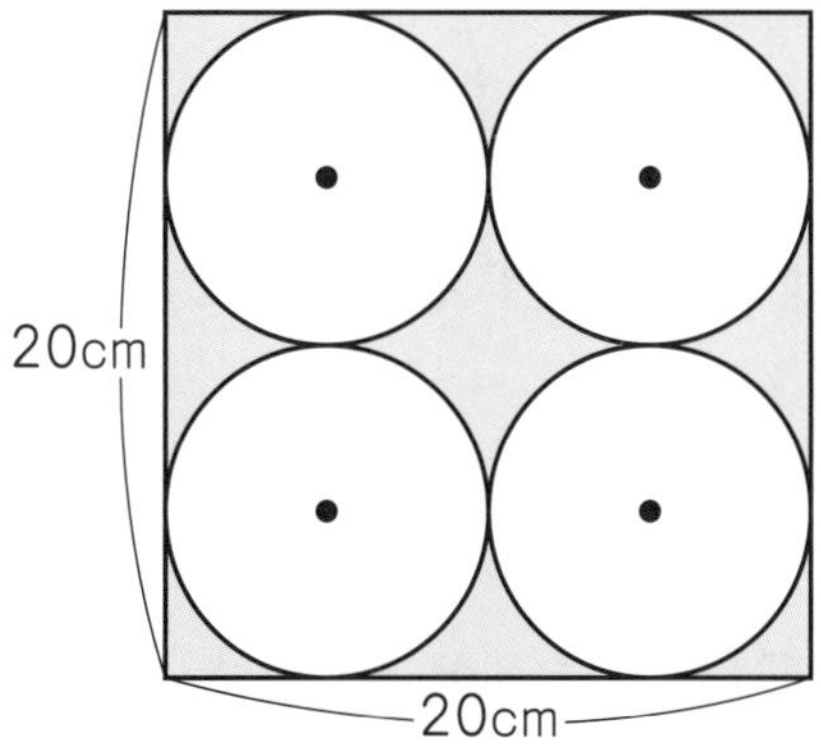

式

答え（　　　　　　）

月　　日

対称《たいしょう》な図形

1 次の図で線対称《せんたいしょう》な図形はどれですか。すべて選んで記号を書きましょう。

全部書けて10点

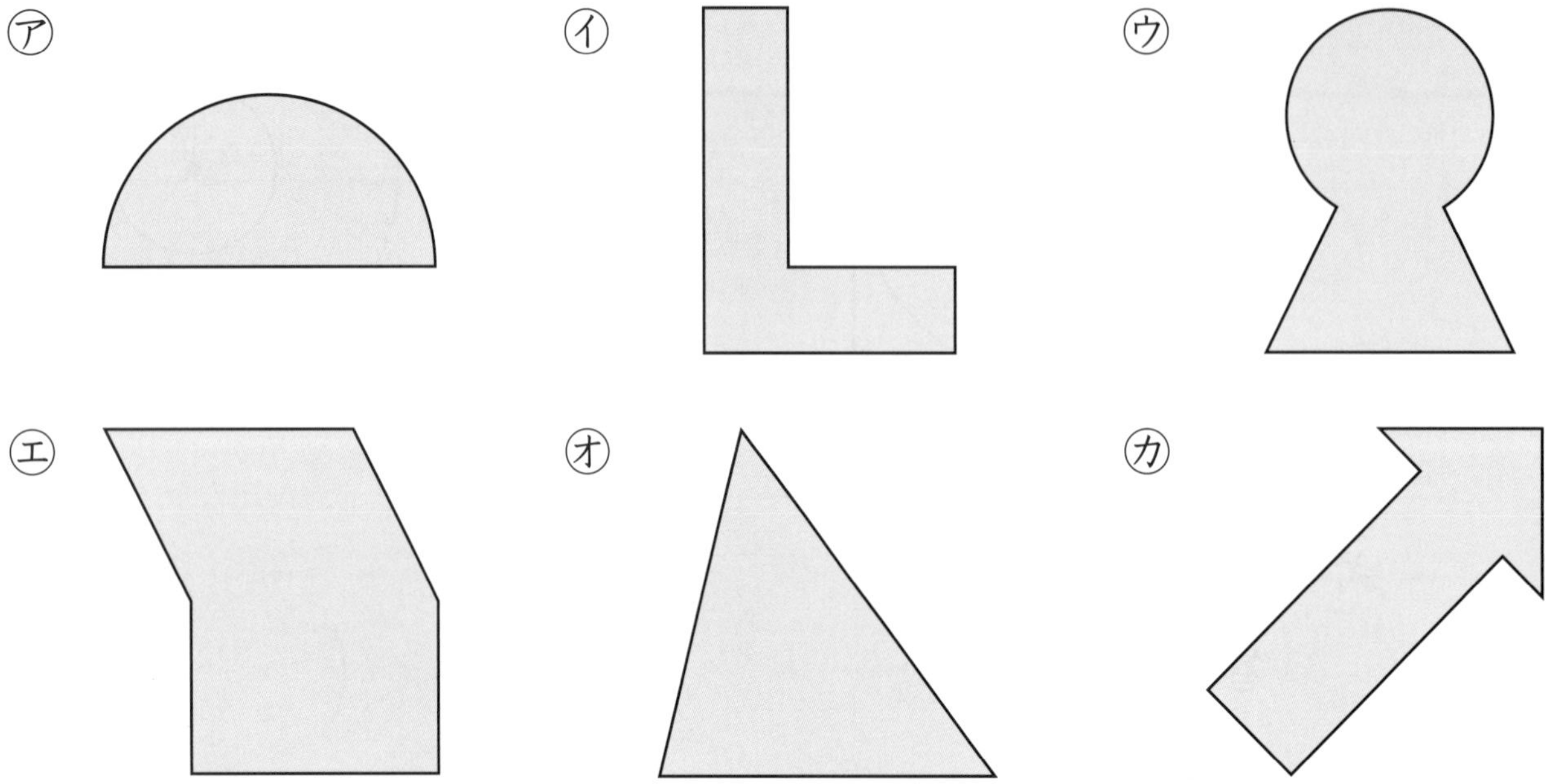

（　　　　　　）

2 下の図は直線アイを対称《たいしょう》の軸《じく》とする線対称《せんたいしょう》な図形です。次の問題に答えましょう。

1つ10点→40点

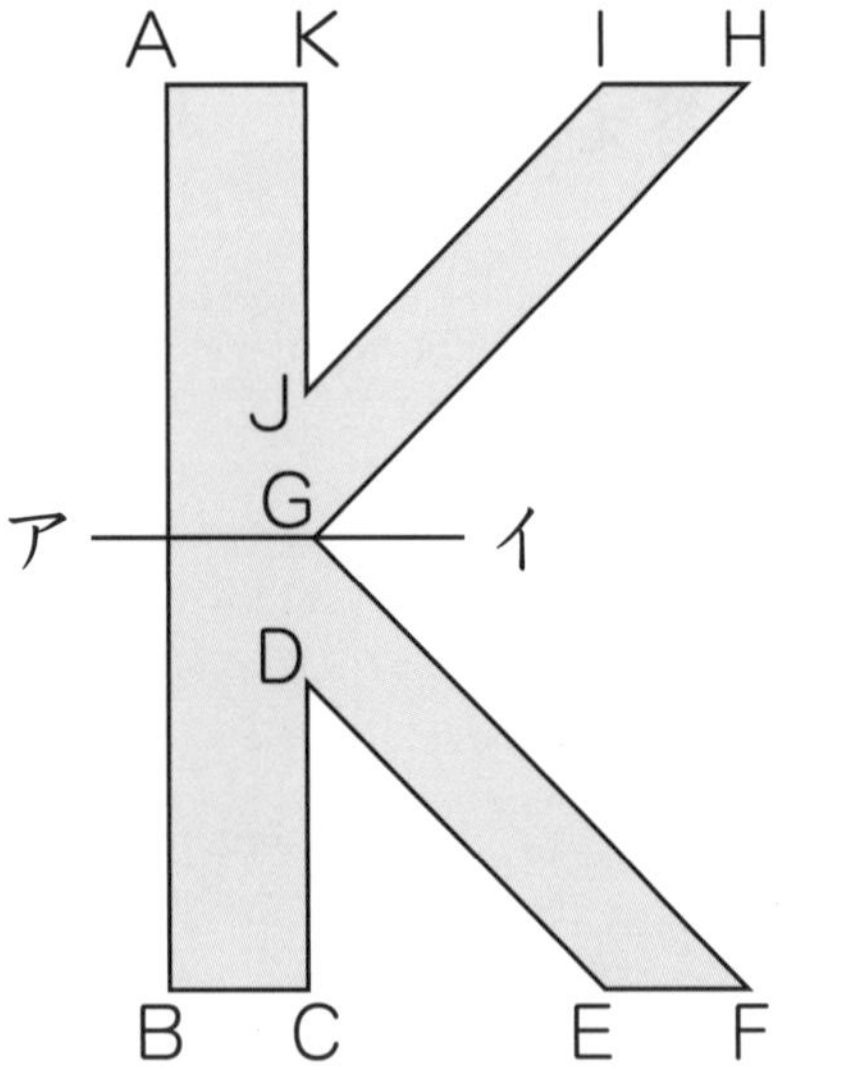

① 点Aに対応する点はどれですか。

（　　　　　　）

② 辺KJに対応する辺はどれですか。

（　　　　　　）

③ 角Iに対応する角はどれですか。

（　　　　　　）

④ 辺GHが4cmのとき、辺GFは何cmですか。

（　　　　　　）

学習のポイント

対称《たいしょう》の軸《じく》で2つに折ったとき、ぴったり重なる図形が線対称《せんたいしょう》、対称《たいしょう》の中心で180°回転させたとき、ぴったり重なる図形が点対称《てんたいしょう》です。

得点

点

シール

3 下の図形を見て問題に答えましょう。 全部書けて1つ10点→20点

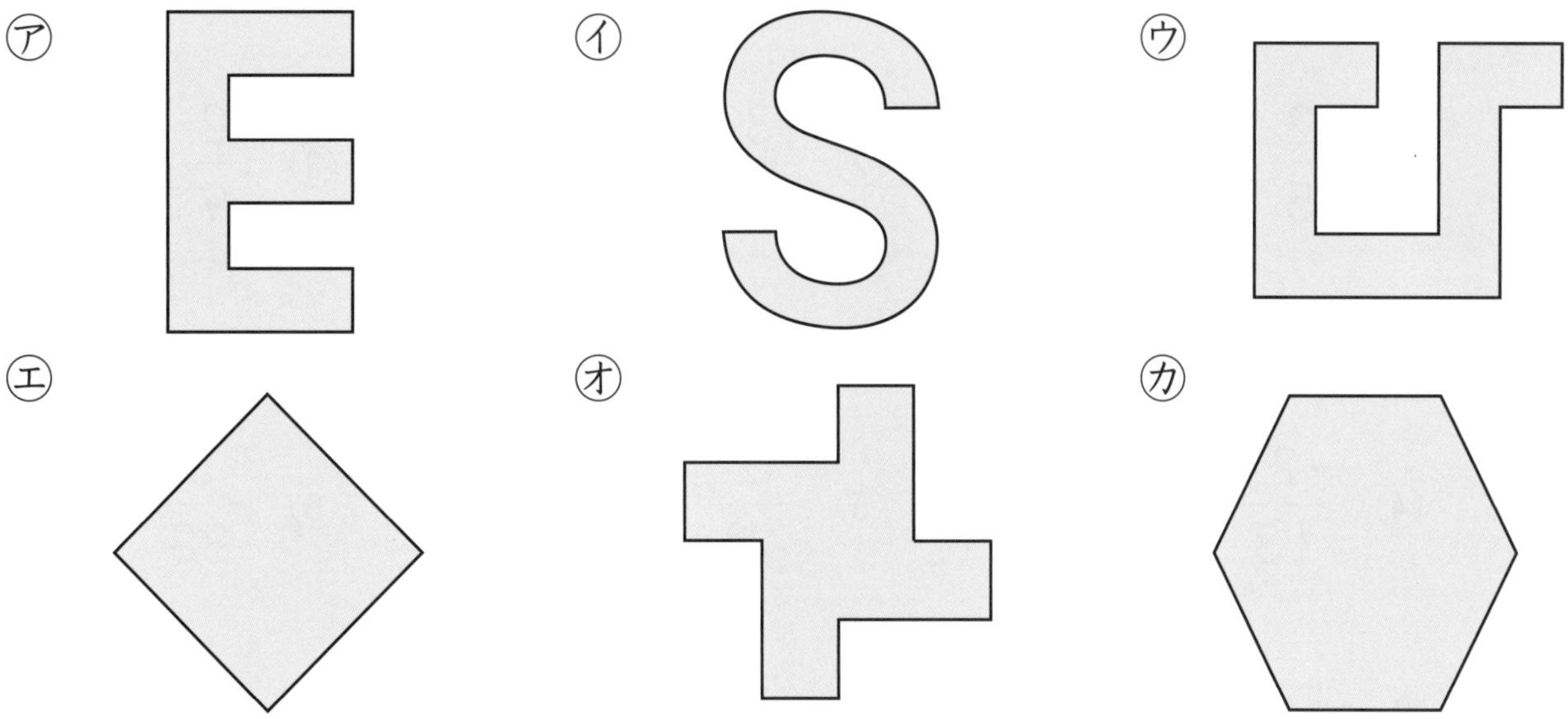

① 点対称《てんたいしょう》な図形をすべて選んで記号で答えましょう。

（　　　　　　　　）

② 点対称《てんたいしょう》でもあり、線対称《せんたいしょう》でもある図形をすべて選んで記号で答えましょう。

（　　　　　　　　）

4 下の図は点Oを対称《たいしょう》の中心とする点対称《てんたいしょう》な図形です。次の問題に答えましょう。 1つ10点→30点

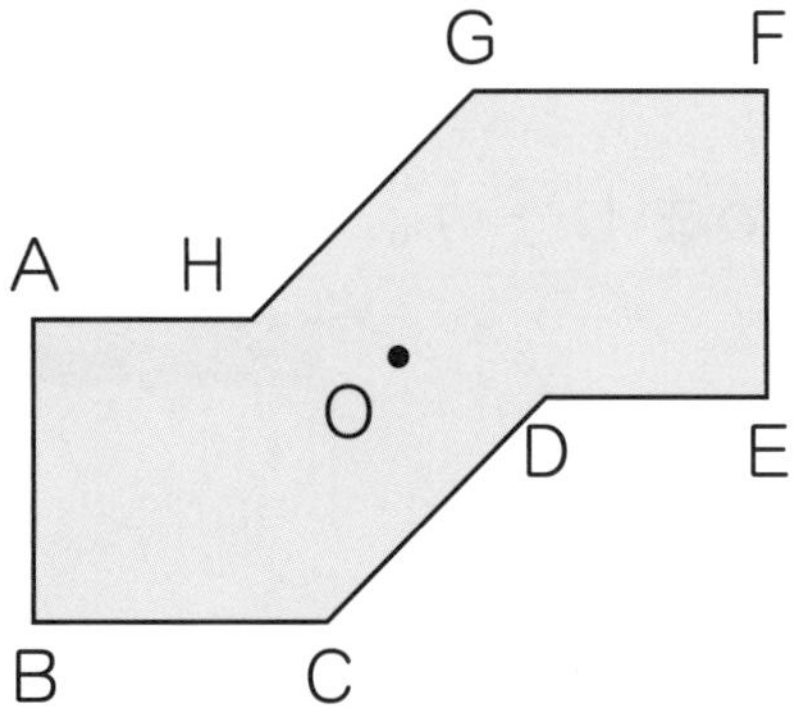

① 点Aに対応する点はどれですか。

（　　　　　　　　）

② 辺BCに対応する辺はどれですか。

（　　　　　　　　）

③ 角Dに対応する角はどれですか。

（　　　　　　　　）

算数 4

月　　日

分数のかけ算（1）

1 次の計算をしましょう。

1つ3点→18点

① $\frac{2}{5}\times 2=$

② $\frac{3}{7}\times 1=$

③ $\frac{2}{9}\times 4=$

④ $\frac{2}{13}\times 6=$

⑤ $\frac{2}{21}\times 8=$

⑥ $\frac{5}{33}\times 5=$

2 次の計算をしましょう。

1つ4点→16点

① $\frac{1}{4}\times 2=$

② $\frac{2}{15}\times 5=$

③ $\frac{7}{20}\times 6=$

④ $\frac{5}{42}\times 8=$

3 縦《たて》$\frac{2}{3}$cm、横6cmの長方形の面積を求めましょう。

式6点、答え6点→12点

式

答え（　　　　）

学習のポイント

分数のかけ算は、分子と分子、分母と分母をかけて求めます。$\frac{a}{b}\times\frac{c}{d}=\frac{a\times c}{b\times d}$です。計算のとちゅうで約分ができることがあります。

得点　　点

シール

4 次の計算をしましょう。

1つ4点→24点

① $\frac{1}{3}\times\frac{1}{2}=$　② $\frac{1}{2}\times\frac{3}{4}=$　③ $\frac{5}{7}\times\frac{3}{4}=$

④ $2\times\frac{1}{3}=$　⑤ $3\times\frac{2}{7}=$　⑥ $4\times\frac{2}{9}=$

5 次の計算をしましょう。

1つ5点→30点

① $\frac{1}{5}\times\frac{5}{7}=$　② $\frac{3}{4}\times\frac{4}{5}=$

③ $\frac{5}{8}\times\frac{1}{10}=$　④ $\frac{2}{5}\times\frac{3}{4}=$

⑤ $\frac{2}{5}\times\frac{15}{22}=$　⑥ $\frac{3}{8}\times\frac{16}{21}=$

月　日

分数のかけ算（2）

1 次の計算をしましょう。

1つ5点→30点

① $\frac{4}{7}\times 1\frac{1}{4}=$

② $1\frac{5}{6}\times\frac{3}{7}=$

③ $2\frac{2}{3}\times 1\frac{1}{6}=$

④ $4\times 1\frac{1}{6}=$

⑤ $3\frac{5}{9}\times 2\frac{5}{8}=$

⑥ $3\times 2\frac{1}{12}=$

2 次の数の逆数を書きましょう。

1つ4点→24点

① $\frac{5}{8}$ （　　　）

② $\frac{1}{3}$ （　　　）

③ $1\frac{5}{6}$ （　　　）

④ 5 （　　　）

⑤ 0.3 （　　　）

⑥ 2.9 （　　　）

学習のポイント

帯分数のあるかけ算は、帯分数を仮分数に直して計算します。整数や小数は分数に直して計算します。

得点

点

シール

3 次の計算をしましょう。

1つ6点→30点

① $\frac{1}{3} \times 0.7 =$

② $0.9 \times \frac{5}{8} =$

③ $1.8 \times \frac{7}{12} =$

④ $\frac{3}{4} \times \frac{8}{7} \times \frac{1}{5} =$

⑤ $2\frac{1}{5} \times 3 \times \frac{1}{8} =$

4 次の□にあてはまる不等号を書きましょう。

1つ4点→16点

① $3 \times \frac{5}{4}$ □ 3

② $3 \times \frac{4}{5}$ □ 3

③ $\frac{13}{22} \times \frac{24}{25}$ □ $\frac{13}{22}$

④ $\frac{13}{22} \times \frac{27}{25}$ □ $\frac{13}{22}$

算数 6

月　日

分数のわり算（1）

1 次の計算をしましょう。　1つ5点→30点

① $\frac{1}{7} \div 3 =$　　② $\frac{4}{5} \div 6 =$

③ $\frac{2}{9} \div 4 =$　　④ $\frac{5}{8} \div 10 =$

⑤ $\frac{14}{9} \div 6 =$　　⑥ $\frac{33}{8} \div 11 =$

2 次の問題に答えましょう。　式5点、答え5点→20点

① $\frac{27}{2}$kgの米を9人に等しく配ります。1人何kgもらえますか。

式　　　　答え（　　　）

② $\frac{24}{7}$mのひもを6等分します。1本の長さは何mですか。

式　　　　答え（　　　）

学習のポイント

分数のわり算は、わる分数を逆数にしてかけて求めます。$\frac{a}{b} \div \frac{c}{d} = \frac{a \times d}{b \times c}$です。計算のとちゅうで約分ができることがあります。

得点

点

シール

3 次の計算をしましょう。

1つ5点→50点

① $\frac{1}{7} \div \frac{1}{5} =$

② $\frac{1}{4} \div \frac{2}{3} =$

③ $\frac{2}{5} \div \frac{5}{6} =$

④ $\frac{2}{9} \div \frac{2}{5} =$

⑤ $\frac{3}{10} \div \frac{1}{2} =$

⑥ $\frac{1}{20} \div \frac{1}{30} =$

⑦ $\frac{15}{4} \div \frac{20}{3} =$

⑧ $\frac{22}{7} \div \frac{55}{6} =$

⑨ $\frac{63}{34} \div \frac{49}{17} =$

⑩ $\frac{45}{36} \div \frac{35}{81} =$

算数 7

月　　日

分数のわり算（2）

1 次の計算をしましょう。　1つ5点→50点

① $2 \div \frac{2}{3} =$

② $20 \div \frac{4}{3} =$

③ $\frac{5}{6} \div 0.5 =$

④ $1.8 \div \frac{9}{4} =$

⑤ $\frac{1}{3} \div 1\frac{1}{4} =$

⑥ $2\frac{1}{3} \div \frac{4}{9} =$

⑦ $2\frac{1}{3} \div 1\frac{5}{9} =$

⑧ $1\frac{3}{8} \div 2\frac{1}{12} =$

⑨ $\frac{9}{10} \div 0.9 =$

⑩ $3\frac{5}{7} \div 1.3 =$

学習のポイント

帯分数のあるわり算は、帯分数を仮分数に直し、整数や小数は分数に直して計算します。

得点

点

シール

2 次の計算をしましょう。

1つ6点→30点

① $\frac{1}{2} \div \frac{1}{3} \div \frac{1}{4} =$

② $\frac{2}{9} \div \frac{4}{5} \div \frac{5}{7} =$

③ $\frac{25}{12} \div \frac{1}{9} \div \frac{5}{6} =$

④ $2\frac{3}{10} \div 2\frac{1}{5} \div \frac{9}{11} =$

⑤ $\frac{30}{7} \div \frac{9}{5} \div 5 =$

3 次の□にあてはまる不等号を書きましょう。

1つ5点→20点

① $7 \div \frac{6}{7}$ □ 7

② $7 \div \frac{7}{6}$ □ 7

③ $\frac{8}{11} \div \frac{5}{4}$ □ $\frac{8}{11}$

④ $\frac{8}{11} \div \frac{12}{13}$ □ $\frac{8}{11}$

月　日

分数のかけ算・わり算（1）

1 次の計算をしましょう。　1つ8点→64点

① $\frac{1}{2} \times \frac{1}{3} \div \frac{2}{5} =$

② $\frac{5}{2} \times \frac{8}{7} \div \frac{16}{3} =$

③ $\frac{9}{8} \times \frac{7}{5} \div \frac{3}{4} =$

④ $\frac{3}{10} \div \frac{1}{5} \times \frac{5}{6} =$

⑤ $\frac{14}{25} \times \frac{5}{12} \div 1\frac{13}{36} =$

⑥ $2\frac{1}{2} \div 1\frac{11}{40} \times \frac{17}{24} =$

⑦ $\frac{1}{2} \times \frac{1}{3} \div \frac{3}{4} \times \frac{1}{4} =$

⑧ $\frac{1}{8} \div \frac{1}{7} \times \frac{4}{5} \times \frac{3}{7} =$

学習のポイント

分数でも次の計算の決まりが使えます。

(a × b) × c = a × (b × c)

(a + b) × c = a × c + b × c

(a − b) × c = a × c − b × c

得点

点

シール

2 くふうして計算しましょう。とちゅうの計算も書きましょう。

1つ6点→36点

① $\left(\frac{1}{3}\times\frac{5}{8}\right)\times\frac{4}{5}=$

② $\left(\frac{2}{9}-\frac{1}{6}\right)\times\frac{18}{7}=$

③ $\left(\frac{1}{4}\times\frac{13}{2}\right)\times\frac{3}{26}=$

④ $\left(\frac{1}{6}+\frac{3}{4}\right)\times\frac{12}{5}=$

⑤ $\frac{7}{13}\times\frac{1}{6}+\frac{7}{13}\times\frac{5}{6}=$

⑥ $\frac{4}{9}\times\frac{2}{5}-\frac{1}{9}\times\frac{2}{5}=$

月　日

分数のかけ算・わり算（2）

1 次の計算をしましょう。　　1つ8点→64点

① $\frac{5}{9} \times \frac{3}{4} \div 5 =$

② $\frac{2}{5} \times 0.4 \div \frac{4}{7} =$

③ $\frac{9}{10} \div 2.7 \times \frac{1}{4} =$

④ $0.8 \div \frac{3}{10} \div 5.6 =$

⑤ $\frac{1}{15} \times 3.5 \div 0.6 =$

⑥ $0.3 \div \frac{7}{30} \times \frac{21}{4} =$

⑦ $\frac{5}{12} \div \frac{5}{13} \times 3.6 =$

⑧ $\frac{33}{56} \times 0.63 \div \frac{11}{50} =$

学習のポイント

分数のかけ算とわり算の式に整数と小数が混ざっているときは、分数に直して計算します。

得点

点

シール

2 次の問題に答えましょう。

式5点、答え4点→36点

① 全部で168ページの本の$\frac{3}{4}$を読み終わりました。読んでいないページはあと何ページですか。

式

答え（　　　　）

② 底辺が$2\frac{2}{5}$cm、高さが$2\frac{1}{7}$cmの三角形の面積を求めましょう。

式

答え（　　　　）

③ 1日に12秒ずつ進む時計があります。この時計は何日で5分進みますか。

式

答え（　　　　）

④ 港から出発した船が1時間48分かけて大島に到着しました。大島までのきょりは72kmです。船の速度は、時速何kmですか。

式

答え（　　　　）

月　日

得点

点

シール

分数の倍

1 $\frac{2}{7}$m をもとにすると、$\frac{15}{14}$m は何倍ですか。

式10点、答え10点→20点

式

答え（　　　）

2 $\frac{3}{5}$L の重さが $\frac{7}{10}$kg の土があります。次の問題に答えましょう。

式10点、答え10点→40点

① この土 1L の重さは何 kg ですか。

式

答え（　　　）

② この土 1kg は何 L ですか。

式

答え（　　　）

3 おかし屋さんに行きました。キャンディの値段《ねだん》はクッキーの $\frac{2}{3}$ 倍でした。クッキーの値段《ねだん》は 270 円で、これはロールケーキの値段《ねだん》の $\frac{3}{8}$ 倍です。次の問題に答えましょう。

式10点、答え10点→40点

① キャンディの値段《ねだん》を求めましょう。

式

答え（　　　）

② ロールケーキの値段《ねだん》を求めましょう。

式

答え（　　　）

算数

月　日

得点　点

シール

11 比

1 次の比を簡単《かんたん》にしましょう。　1つ7点→28点

① 49：70　(　　　)　② 1.6：5.6　(　　　)

③ 1.2：36　(　　　)　④ $\frac{2}{3}:\frac{4}{5}$　(　　　)

2 次の問題に答えましょう。　1つ10点→20点

① 赤いばらを 28 本、青いばらを 21 本で花たばを作りました。赤いばらと青いばらの本数の割合《わりあい》を比で表しましょう。　(　　　)

② お父さんの体重は 75kg、けんさんの体重は 40kg です。お父さんとけんさんの体重の割合《わりあい》を比で表しましょう。　(　　　)

3 次の比の値《あたい》を求めましょう。　1つ7点→28点

① 2：5　(　　　)　② 0.6：0.8　(　　　)

③ $\frac{5}{7}:1.5$　(　　　)　④ $\frac{4}{6}:\frac{12}{18}$　(　　　)

4 牛のひき肉とぶたのひき肉を 7:3 の割合《わりあい》で混ぜてハンバーグを作ります。牛のひき肉が 350g あるとき、ぶたのひき肉は何 g 必要ですか。

式14点、答え10点→24点

式

答え (　　　)

算数 12

月　　日

文字と式

1 次の①と②を x を使った式に表しましょう。

1つ6点→12点

① 1本90円のえんぴつを x 本買ったときの代金は450円でした。

(　　　　　　　　　　　　　　)

② x 個のチョコレートを8人で分けたら、1人分は3個でした。

(　　　　　　　　　　　　　　)

2 x にあてはまる数を求めましょう。

式4点、答え4点→32点

① $x + 24 = 51$

式

答え (　　　　　　)

② $x - 72 = 77$

式

答え (　　　　　　)

③ $12 \times x = 60$

式

答え (　　　　　　)

④ $x \div 5 = 60$

式

答え (　　　　　　)

3 下の図形を見て、①と②の式はそれぞれ長方形の何を表しているか、答えましょう。

1つ5点→10点

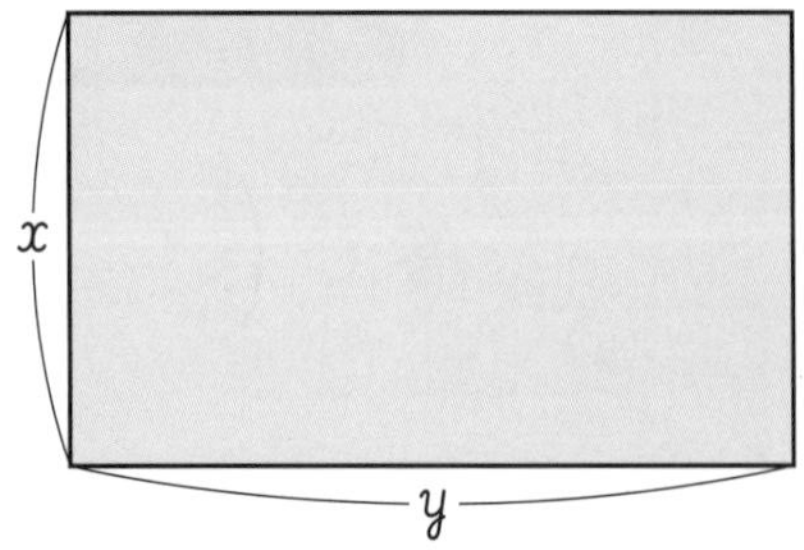

① $x \times y$ (　　　　　　)

② $(x + y) \times 2$ (　　　　　　)

学習のポイント
わからない数を表すときや、わからない数のある式をつくるときに、□や○の代わりにx、y、a、b、cなどの文字を使います。

得点
点

シール

4 次の場面を、xとyを使って「$=y$」となるように式に表しましょう。

1つ6点→24点

① 1箱6個入りのおまんじゅうがx箱あります。おまんじゅうは全部でy個です。

（　　　　　　　　　　　　）

② 1個180gのももx個を、300gの箱に入れると全体の重さはygです。

（　　　　　　　　　　　　）

③ 80mのロープをxmずつに切るとy本できます。

（　　　　　　　　　　　　）

④ 直径が$x$cmの円の円周は$y$cmです。

（　　　　　　　　　　　　）

5 1冊《さつ》140円のノートをx冊《さつ》買って、1000円を出したら、おつりはy円でした。次の問題に答えましょう。

① xとyを使って、おつりを求める式を「$=y$」となるように書きましょう。

8点

（　　　　　　　　　　　　）

② ノートを4冊《さつ》買いました。おつりは何円でしょうか。

式7点、答え7点→14点

式

答え（　　　　　）

算数 13

月　　日

まとめ

1 次の計算をしましょう。　1つ5点→30点

① $\frac{2}{9} \times 15 =$

② $5\frac{5}{6} \times 1\frac{3}{5} =$

③ $\frac{3}{5} \div \frac{6}{7} =$

④ $2\frac{1}{10} \div 1\frac{13}{15} =$

⑤ $\left(\frac{4}{9} - \frac{1}{6}\right) \times \frac{18}{5} =$

⑥ $\frac{3}{2} \div \frac{2}{15} \times \frac{2}{3} \times \frac{2}{7} =$

2 次の図形の面積と周りの長さを求めましょう。　式5点、答え5点→20点

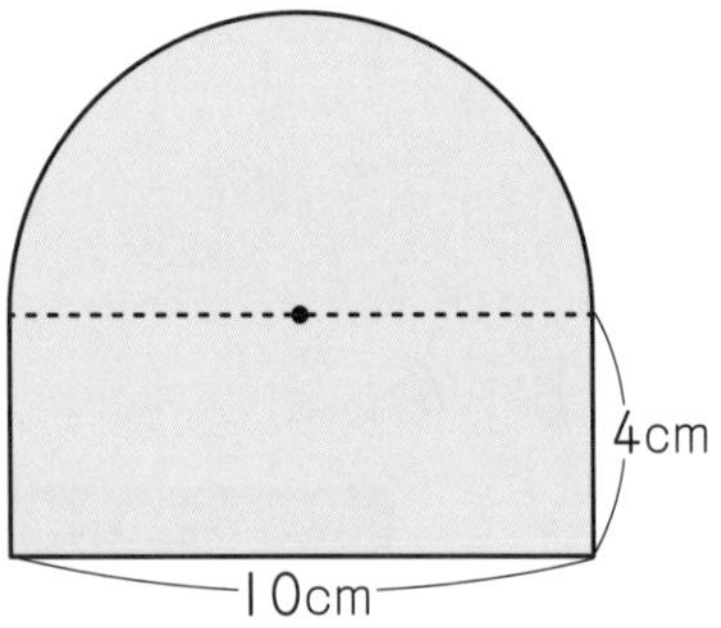

(面積)

式

答え（　　　　　　）

(周りの長さ)

式

答え（　　　　　　）

学習のポイント

いろいろな問題があります。一度解けた問題も、他の方法で解けるか考えてみましょう。

得点

点

シール

3 下の図は線対称《せんたいしょう》な図形です。問題に答えましょう。　1つ4点→12点

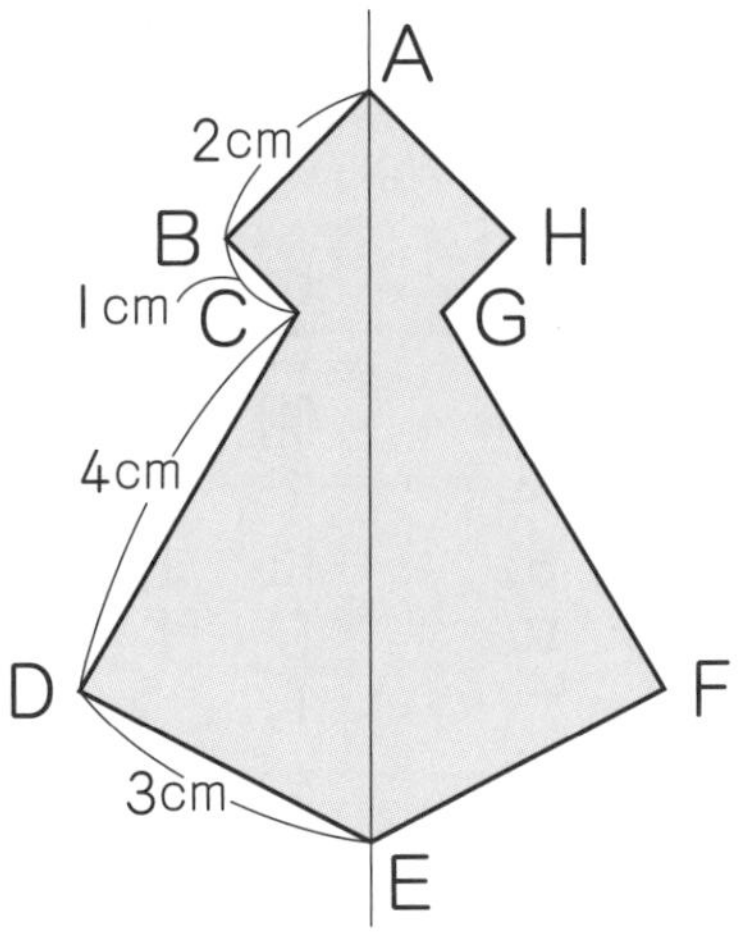

① 点Dに対応する点はどれですか。

(　　　　)

② 角Hに対応する角はどれですか。

(　　　　)

③ 辺FGは何cmですか。

(　　　　)

4 4：3と等しい比は㋐から㋓のうちどれですか。　6点

㋐ 12：14　㋑ $\frac{1}{4}:\frac{1}{3}$　㋒ 0.24：0.18　㋓ 320：250

(　　　　)

5 砂糖《さとう》と小麦粉を重さ1：3の割合《わりあい》で混ぜてクッキーを作ります。砂糖《さとう》と小麦粉を混ぜると480gです。小麦粉は何gありましたか。

式8点、答え8点→16点

式

答え (　　　　)

6 「$=y$」となるように文字を使った式に表しましょう。　1つ8点→16点

① 底辺が$x$cm、高さが5cmの三角形の面積は$y$cm^{2}です。

(　　　　)

② 10円玉がx枚《まい》、50円玉が11枚《まい》あります。全部あわせるとy円です。

(　　　　)

3 次の説明文を読んで、問題に答えましょう。

橋には必ず、「橋名板」という橋の名前が記されたプレートが取りつけてあります。橋名板は、橋の入り口側では漢字、出口側ではひらがなで書くことに決まっています。

では、橋の「入り口」と「出口」はどうやって決まるのでしょうか。それは橋を通る道路がどこから始まっているかによります。道路には、始まる場所（起点）と終わる場所（終点）があり、起点側が橋の入り口、終点側が橋の出口となります。

大正時代、日本の道路は、東京都にある「日本橋」を起点にするとされていました。ですから、日本橋に近いほうが橋の入り口となったのです。ただし、現在では、その地域《ちいき》の人口の多い都市を起点にしていることが多くなっています。

道路の起点だった日本橋には、入り口も出口もありません。［①］、橋のどちら側から見ても、左にひらがなで「にほんは（ば）し」、右に漢字で「日本橋」と記されているのです。

① 橋の出口について、正しく説明しているものを選びましょう。　7点

（　）橋を通る道路によって決まる。
（　）人口の多い都市に近いほうが出口になる。
（　）大正時代のすべての橋には入り口も出口もなかった。

② 「日本橋」について説明した次の文の（　）にあてはまる言葉を、文章中からぬき出して書きましょう。　1つ7点→14点

橋の名前は、橋の左側には（　　　）で、右側には（　　　）で書かれている。

③ ［①］に入る言葉を次から選んで、あてはまるものに○を書きましょう。　7点

（　）しかし　（　）または
（　）それでは　（　）だから

まとめ

月　　日

学習のポイント
漢字の読み方と書きとりの練習をして、説明文の要点を読みとりましょう。

得点
点

シール

1 ――の漢字の読みがなを書きましょう。

1つ3点→36点

① 入場券（　　）
② 俳句をよむ。（　　）
③ アジア諸国（　　）
④ 応急処置（　　）
⑤ 茶道の流派。（　　）
⑥ 大規模（　　）
⑦ 干潮の砂浜。（　　）
⑧ 推理小説（　　）
⑨ 同窓会（　　）
⑩ 革命を起こす。（　　）
⑪ 三大宗教（　　）
⑫ 装置を動かす。（　　）

2 □に漢字を書きましょう。

1つ3点→36点

① 安全な□□《ちいき》。
② □□《えんちょう》コード
③ □□《りんじ》の仕事。
④ □□《てっこう》業《ぎょう》
⑤ 本が□□《ごさつ》ある。
⑥ 地図の□□《しゅくしゃく》。
⑦ □□《おんせん》に入る。
⑧ □《せ》泳《およ》ぎ
⑨ □□《ゆうぐ》れ
⑩ □□《ほしゅう》工事《こうじ》
⑪ □□《よくじつ》
⑫ □□《たいさく》を講ずる。

11 国語

話し言葉と書き言葉

月　日

学習のポイント
話し言葉と書き言葉のちがいを知り、使い分けできるようにしましょう。

得点

点

シール

1 次の文のうち、話し言葉に△、書き言葉に○を書きましょう。

1つ4点→28点

① これ、読んじゃったら、あげるよ。（　）

② 本を読んでから、宿題をした。（　）

③ あっ、そっち行ったら、だめだよ。（　）

④ あそこを右、ちがう、左に曲がって。（　）

⑤ 公園の角を左に曲がると、大きな図書館があった。（　）

⑥ 先生が「楽しい」っておっしゃってたよ。（　）

⑦ 校長先生は楽しんでくださったそうだ。（　）

2 次の話し言葉の文を、書き言葉の文に直しましょう。

1つ24点→72点

① ええと、三年前だな、あの映《えい》画《が》を初めて見たのは。

（　　　　　　）

② 新作は、今月、いや、来月公開だよ。

（　　　　　　）

③ とっても感動してね、見ながら泣いちゃったよ。

（　　　　　　）

文の組み立て

月　　日

学習のポイント
主語と述語の関係や、意味のつながりに注意して、文の組み立てを考えましょう。

得点
点

シール

1

次の文から主語と述語を探《さが》して、それぞれ記号を書きましょう。　1つ5点→40点

① ㋐父は ㋑電車に ㋒乗って ㋓会社に ㋔通う。
主語（　　）　述語（　　）

② ㋐大きな ㋑病院に ㋒祖父が ㋓入院した。
主語（　　）　述語（　　）

③ ㋐庭に ㋑むらさき色の ㋒花が ㋓さいた。
主語（　　）　述語（　　）

④ ㋐白い ㋑子犬が ㋒ボールに ㋓向かって ㋔走る。
主語（　　）　述語（　　）

2

言葉を並《なら》べかえて、意味の通る文にします。矢印の後のあいているところに記号を書きましょう。　全部書けて1つ15点→60点

① ㋐飼っている ㋑小鳥が ㋒妹が ㋓鳴いている
（㋒　→　　→　　→　　）

② ㋐つくった ㋑梅干《うめぼ》しを ㋒食べた ㋓祖母が
（㋓　→　　→　　→　　）

③ ㋐遠足が ㋑接近して ㋒延期《えんき》された ㋓台風が
（㋓　→　　→　　→　　）

④ ㋐図書館で ㋑行《い》った ㋒土曜日に ㋓借りた ㋔本だ
（㋒　→　　→　　→　　→　　）

3 次の四字熟語《よじじゅくご》の意味を□から選んで、記号を書きましょう。

1つ6点→36点

① 質実剛健《しつじつごうけん》（　　）

② 意気投合（　　）

③ 我田引水《がでんいんすい》（　　）

④ 電光石火（　　）

⑤ 日進月歩（　　）

⑥ 大器晩成《たいきばんせい》（　　）

㋐自分に都合よく考えたり、行動したりすること。
㋑非常にすばやい行動のこと。
㋒かざり気がなく、まじめで強くたくましいこと。
㋓おたがいの気持ちがぴったり合うこと。
㋔大物になる人は若《わか》いうちは目立たず、年をとってから成功するということ。
㋕休みなく進歩を続けること。

4 □に入る言葉を□から選んで書き、四字熟語《よじじゅくご》を使った文を完成させましょう。

1つ4点→24点

① □□絶後のアクション映画《えいが》を見る。

② □□回生のシュートを放った。

③ のんびりと□□雨読の暮《く》らしをしたい。

④ 事件の一部□□を見た。

⑤ □□直入に聞く。

⑥ □□知新の考えで語りつぐ。

始終　晴耕　起死
温故　空前　単刀

四字熟語《よじじゅくご》

月　日

学習のポイント
四字熟語《よじじゅくご》の成り立ちと意味を理解して、使い方を身につけましょう。

得点
点

シール

1 次の四字熟語《よじじゅくご》の組み立てを□から選んで、記号を書きましょう。 1つ2点→16点

① 穀倉地帯《こくそうちたい》（　）（　）
② 国王陛下《こくおうへいか》（　）（　）
③ 自家用車（　）（　）
④ 都道府県（　）（　）
⑤ 視力検査《しりょくけんさ》（　）（　）
⑥ 私鉄沿線《してつえんせん》（　）（　）
⑦ 春夏秋冬（　）（　）
⑧ 海水浴客（　）（　）

㋐二字の熟語《じゅくご》＋二字の熟語《じゅくご》。
㋑三字の熟語《じゅくご》＋一字の語。
㋒一字の語が四つ並《なら》んでいる。

2 ①～⑥それぞれの二つの□には同じ漢字が入ります。□にあてはまる漢字を□から選んで記号で答えましょう。 1つ4点→24点

① □人□色（　）
② 右□左□（　）
③ □信□疑《ぎ》（　）
④ □給□足（　）
⑤ □体□命（　）
⑥ 以□伝□（　）

㋐心　㋑半　㋒往
㋓自　㋔十　㋕絶

3 次の三字熟語《さんじじゅくご》の組み立てを□から選んで、記号を書きましょう。

1つ2点→20点

① 経済学《けいざいがく》（　　）
② 映画館《えいがかん》（　　）
③ 天地人（　　）
④ 棒磁石《ぼうじしゃく》（　　）
⑤ 体操服《たいそうふく》（　　）
⑥ 水蒸気《すいじょうき》（　　）
⑦ 衣食住（　　）
⑧ 乳製品《にゅうせいひん》（　　）
⑨ 深呼吸《しんこきゅう》（　　）
⑩ 合理化（　　）

㋐一字の語＋二字の熟語《じゅくご》。
㋑二字の熟語《じゅくご》＋一字の語。
㋒一字の語が三つ並《なら》んでいる。

4 三字熟語《さんじじゅくご》を書いて文を完成させましょう。

1つ3点→36点

① □□□《たんじょうび》に□□□《そふぼ》に会う。
② □□□《ゆうびんきょく》に□□□《けいさつかん》が来た。
③ □□□《うちゅうせん》の開発に□□□《いよくてき》だ。
④ かれは□□□《がっしゅうこく》の□□□《だいとうりょう》だ。
⑤ □□□《ゆうしょうしゃ》が□□□《じゅしょうしき》に参加する。
⑥ □□□《せいぞんしゃ》を□□□《きゅうきゅうしゃ》で運ぶ。

8 国語

熟語《じゅくご》の成り立ち

月　日

1 ①～④に合う熟語《じゅくご》を□から二つずつ選んで、記号を書きましょう。

1つ3点→24点

① 意味が対（反対）になる漢字の組み合わせでできている熟語《じゅくご》。（　）（　）

② 似た意味の漢字の組み合わせでできている熟《じゅく》語《ご》。（　）（　）

③ 上の漢字が下の漢字を修飾《しゅうしょく》する熟語《じゅくご》。（　）（　）

④ 上の漢字が動作を表し、その対象を表す漢字が下にくる熟語《じゅくご》。（　）（　）

㋐善悪《ぜんあく》	㋑尊敬《そんけい》	㋒染色《せんしょく》	㋓開閉《かいへい》
㋔難問《なんもん》	㋕永久	㋖熟読《じゅくどく》	㋗洗顔《せんがん》

2 「不・未・非・無」の中から□にあてはまる漢字を選んで書き、熟語《じゅくご》を完成させましょう。

1つ2点→20点

① □視《し》

② □公平

③ □熟《じゅく》

④ □常識

⑤ □安

⑥ □解決

⑦ □完

⑧ □制限

⑨ □行

⑩ □罪

学習のポイント

漢字の意味や組み合わせに注意して、熟語《じゅくご》の成り立ちを理解しましょう。

得点

点

シール

がら、かたく眼《め》をつぶっていました。するとその時かれの耳には、ほとんど声とはいえないくらい、かすかな声が伝わって来ました。

「心配を*おしでない。わたしたちはどうなっても、お前さえしあわせになれるのなら、それより結構なことはないのだからね。大王が何とおっしゃっても、言いたくないことはだまっておいで。」

それは確かになつかしい、母親の声にちがいありません。杜子春《とししゅん》は思わず、②眼《め》をあきました。そうして馬の一《いっ》ぴきが、力なく地上にたおれたまま、悲しそうにかれの顔へ、じっと眼《め》をやっているのを見ました。③母親はこんな苦しみの中にも、息子の心を思いやって、鬼《おに》どものむちに打たれたことを、うらむ*気色《けしき》さえも見せないのです。大金持ちになればお世辞《せじ》を言い、貧《びん》ぼう人《にん》になれば口もきかない世間の人たちに比べると、何というありがたい志《こころざし》でしょう。何という健気《けなげ》な決心でしょう。杜子春《とししゅん》は④老人のいましめも忘《わす》れて、*まろぶようにそのそばへ走りよると、両手に半死《はんし》の馬のくびをだいて、はらはらとなみだを落としながら、「お母さん。」と一声をさけびました。

*未練未釈《みれんみしゃく》なく　同情することもなく。　*ところきらわず　ところかまわず。
*畜生《ちくしょう》　けもの。　*階《きざはし》　階だん。　*おしでない　してはいけない。
*気色《けしき》　何かしようとする様子。　*まろぶ　転がる。

（『杜子春《とししゅん》』芥川龍之介《あくたがわりゅうのすけ》）

③ 何を聞いて、杜子春《とししゅん》は②――「眼《め》をあきました」か。文中から四字でぬき出しましょう。

20点

④ ③――「母親」の様子とは正反対の言動の例を、文中から見つけてぬき出しましょう。

30点

（　　　　　　　　　　）

⑤ ④――「老人のいましめも忘《わす》れ」た理由は何ですか。正しいものを一つ選びましょう。

15点

（　）えんま大王にいかりを感じたから。
（　）母親の強い愛情を感じたから。
（　）鬼《おに》のむちがこわいから。

物語の読みとり

月　日

学習のポイント
登場人物の行動の理由や心情の変化を考えながら読みましょう。

得点
点

シール

1 次の物語を読んで、問題に答えましょう。

あらすじ

鉄冠子《てつかんし》（老人）の弟子《でし》となった杜子春《とししゅん》は「仙人《せんにん》になるためには、声を出してはいけない」と言われています。地獄《じごく》のえんま大王は、杜子春《とししゅん》にここに来た理由を答えさせようとはげしい責め苦を与えますが、声を出しません。そこで、地獄《じごく》でけものの姿《すがた》になっている杜子春《とししゅん》の父親と母親を連れてきます。

鬼《おに》どもはいっせいに「はっ」と答えながら、鉄のむちをとって立ち上がると、四方八方から①二ひきの馬を、*未練未釈《みれんみしゃく》なく打ちのめしました。むちはりゅうりゅうと風を切って、*どころきらわず雨のように、馬の皮肉《ひにく》を打ち破るのです。馬は、——*畜生《ちくしょう》になった父母は、苦しそうに身をもだえて、眼《め》には血のなみだを浮《う》かべたまま、見てもいられないほどいななき立てました。

「どうだ。まだその方は白状しないか。」

えんま大王は鬼《おに》どもに、しばらくむちの手をやめさせて、もう一度杜子春《とししゅん》の答えをうながしました。もうその時には二ひきの馬も、肉はさけ骨《ほね》はくだけて、息も絶え絶えに*階《きざはし》の前へ、たおれふしていたのです。

杜子春《とししゅん》は必死になって、鉄冠子《てつかんし》の言葉を思い出しな

(1) えんま大王はなぜ鬼《おに》たちに①——「二ひきの馬」をむちで打たせたのですか。正しい理由を一つ選び、○をつけましょう。　15点

（　）畜生《ちくしょう》（けもの）をにくんでいたから。

（　）杜子春《とししゅん》が苦しむ様子を見たかったから。

（　）杜子春《とししゅん》の親をにくんでいたから。

（　）杜子春《とししゅん》に何かを言わせたかったから。

(2) ①——「二ひきの馬」は、実はだれですか。□にあてはまる言葉を文中からぬき出して書きましょう。　20点

杜子春《とししゅん》の［　　］。

3 □に正しい漢字を書きましょう。

1つ3点→36点

① □《けん》□《ぽう》で定められた、国民の□《けん》□《り》。

② □《こ》□《きょう》の村では□《よう》□《さん》が盛《さか》んだった。

③ □《けい》□《ろう》の日に、お年寄りを□《ほう》□《もん》する。

④ □《こく》□《ほう》の仏像が、世界□《い》□《さん》に登録された。

⑤ 初めて見た□《えん》□《げき》にとても□《かん》□《げき》した。

⑥ 横の線と□《たて》の線が□《すい》□《ちょく》に交わる。

4 ——の言葉を漢字と送りがなで書きましょう。

1つ2点→20点

① セーターをあらうと、ちぢむので気をつけて。（　　）（　　）

② むずかしい宿題に、非常にこまる。（　　）（　　）

③ 答えのあやまりを、素直にみとめる。（　　）（　　）

④ 荷物をあずけることを、すっかりわすれる。（　　）（　　）

⑤ きびしいルールだが、したがうしかない。（　　）（　　）

6 国語

漢字の書きとり

月　日

1 同じ部首に気をつけて□に正しい漢字を書きましょう。

1つ2点→24点

① 切り□《かぶ》をぬいて、桜を植《しょく》□《じゅ》する。

② 道路の□《かく》張《ちょう》工事を□《ひ》判《はん》する。

③ 岸に□《そ》って黒《くろ》□《しお》が流れている。

④ □《じゅん》白《ぱく》の□《きぬ》糸《いと》で編まれた布。

⑤ 英語の歌《か》□《し》をほん□《やく》する。

⑥ 内《ない》□《かく》の会議は□《へい》会《かい》した。

2 ――の言葉を漢字と送りがなで書きましょう。

1つ2点→20点

① 息を<u>すう</u>。（　　）

② 花を<u>そなえる</u>。（　　）

③ 仏像を<u>おがむ</u>。（　　）

④ 取り<u>のぞく</u>。（　　）

⑤ 道を<u>さがす</u>。（　　）

⑥ 湖に<u>いたる</u>。（　　）

⑦ 矢を<u>いる</u>。（　　）

⑧ ガラスを<u>わる</u>。（　　）

⑨ 手紙が<u>とどく</u>。（　　）

⑩ 心が<u>みだれる</u>。（　　）

学習のポイント

画数の多い漢字も確実に覚えましょう。送りがなも正しく書けるようになりましょう。

得点

点

シール

3 ――の漢字の読みがなを書きましょう。

1つ3点→36点

① 胃腸の病気。（　　）

② 心臓の検査。（　　）

③ わが家の系図。（　　）（　　）

④ 先祖は武将。（　　）（　　）

⑤ 我先に走る。（　　）

⑥ 冷蔵庫がこわれた。（　　）

⑦ 灰色の空。（　　）

⑧ 並木道を歩く。（　　）

⑨ 若葉の季節。（　　）（　　）

⑩ 展覧会に行く。（　　）

⑪ セミの幼虫。（　　）

⑫ 幕府の歴史。（　　）

4 ――の漢字の読みがなを書きましょう。

1つ2点→20点

① 裁判の結果を討論する。（　　）（　　）

② 仁義にあつく、誠実な人だ。（　　）（　　）

③ 県庁の移転は承知できない。（　　）（　　）

④ 朗読会に著者が来てくれた。（　　）（　　）

⑤ 砂糖と卵とバターを使う。（　　）（　　）

漢字の読み方

月　日

1 ――の漢字の読みがなを書きましょう。（1つ2点→24点）

① 疑問
疑う

② 電源を入れる。
川の源。

③ 退場
社長を退く。

④ 時刻
文字を刻む。

⑤ 四捨五入
捨てる

⑥ 尊敬する
尊い人。

2 次は特別な読み方をする言葉です。――の漢字の読みがなを書きましょう。（1つ2点→20点）

① 友達

② 部屋

③ 八百屋

④ 迷子

⑤ 真っ赤

⑥ 景色

⑦ 河原

⑧ 今朝

⑨ 果物

⑩ 眼鏡

学習のポイント
わからなかった漢字は、もう一度、練習しましょう。特別な読み方も覚えましょう。

得点　　点

シール

3 （　）にふさわしい言葉を□から選んで記号で書き、ことわざを完成させましょう。

1つ4点→28点

① とらぬ（　）の皮算用《かわざんよう》

② 井の中の（　）大海《たいかい》を知らず

③ 能ある（　）は爪《つめ》を隠《かく》す

④ 飼い（　）に手をかまれる

⑤ 飛んで火に入《い》る夏の（　）

⑥ （　）の耳に念仏《ねんぶつ》

⑦ えびで（　）を釣《つ》る

㋐鷹《たか》　㋑鯛《たい》　㋒犬　㋓虫
㋔狸《たぬき》　㋕蛙《かわず》　㋖馬

4 次のことわざの意味を□から選んで、記号で答えましょう。

1つ4点→24点

① 木を見て森を見ず（　）

② 亀《かめ》の甲《こう》より年の功《こう》（　）

③ 一寸《いっすん》の虫にも五分の魂《たましい》（　）

④ 弘法《こうぼう》筆を選ばず（　）

⑤ 情けは人のためならず（　）

⑥ ぬかに釘《くぎ》（　）

㋐能力のある人はどんな道具でも使いこなす。
㋑小さく弱い生き物にもそれなりの意地がある。
㋒何をしてもまったく効果がない。
㋓年長者の経験は尊《とうと》いものだ。
㋔細かいことにこだわって全体を見わたせない。
㋕人に親切にすれば、自分にも良いことがある。

4 国語 慣用句・ことわざ

月　日

1

（　）にふさわしい言葉を□から選んで書き、慣用的な表現を完成させましょう。

1つ4点→28点

① 安心して、（　　）をなでおろした。

② （　　）から火が出るほど、はずかしい。

③ （　　）から（　　）が出るほどほしい。

④ 親の忠告《ちゅうこく》は（　　）が痛《いた》い。

⑤ えらそうな言い方が、（　　）につく。

⑥ 委員長に（　　）の敵《かたき》にされている。

顔　耳　鼻　目　のど　胸《むね》　手

2

次の慣用句の意味を□から選んで、記号で答えましょう。

1つ4点→20点

① 油を売る（　　）

② 馬が合う（　　）

③ まゆをくもらせる（　　）

④ かたの荷が下りる（　　）

⑤ さじを投げる（　　）

㋐仕事をなまける。
㋑成功の見込《みこ》みがないとあきらめる。
㋒気になっていたことがなくなって安心する。
㋓気持ちや性格が合う。
㋔心配そうな顔をする。

学習のポイント

さまざまな慣用句やことわざを覚えて、ふだんの会話のなかでも使えるようになりましょう。

得点

点

シール

陸移動説」です。

ウェゲナーは大陸が一つだったと考えられる理由として、二つの大陸の海岸線の地層《ちそう》が重なり合っていることだけでなく、二つの大陸で同じ生き物の化石が見つかっていること、さらに、南極大陸やインド半島には、同じ時期の氷河のあとが残っていることをあげました。

しかし、わからないこともありました。当時の科学では、どんな力が大陸を移動させたのかを明らかにできなかったのです。

そのため、多くの科学者は、かれの研究を①「空想的だ」と冷たくあしらい、やがて、かれの発表は人びとから忘《わす》れられていきました。

しかし、大陸移動説は、まちがっていませんでした。地球の内部の様子を観測する技術が向上し、研究が進んだ結果、人類が現れるずっと以前から大陸を移動させ続けている地球の内部構造が、明らかになったのです。

大陸移動説の正しさは、発表から五十年あまりをへて、ようやく認《みと》められました。

③ ウェゲナーの大陸移動説が多くの科学者に①——「空想的だ」とあしらわれたのはなぜですか。文中の言葉を使って書きましょう。 15点

（　　　　　　　　　　）

④ 大陸移動説の正しさは、なぜ認《みと》められたのでしょうか。正しい理由を一つ選び、○をつけましょう。 20点

（　）ウェゲナーの熱心な説明に多くの科学者が心を動かされたから。

（　）地球の内部の様子を観測する技術が進んで、内部構造がわかってきたから。

（　）南アメリカ大陸とアフリカ大陸がくっついていた時代の地図が発見されたから。

（　）研究が進んだ結果、昔の観測技術の正しさが証明されたから。

国語 ③

説明文の読みとり

月　日

学習のポイント
文の構成に注意して読み、「大陸移動説」がどのようにあつかわれてきたか、読みとりましょう。

得点　　点

シール

1 次の文章を読んで、問題に答えましょう。

今わかっている世界は、これまでの科学者たちの研究の積み重ねで明らかになったものです。昔の観測技術では証明できなかったことが、技術が進んだことで明らかにされることも数多くあります。

一九一二年にドイツのウェゲナーが発表した「大陸移動説」もその一つです。

冒険《ぼうけん》好きだったウェゲナーは世界地図をながめながら、南アメリカ大陸の東海岸とアフリカ大陸の西海岸の海岸線の形がそっくりであることに気がつきました。

そこからさまざまな疑問《ぎもん》がわいたウェゲナーは研究を続け、地球の大陸はもともと一つで、長い時間をかけて移動し、現在の形へと変わってきたのではないかという、おどろくべき考えを発表しました。これが「大

① ウェゲナーが大陸移動説を思いつくきっかけになったのは、どこの海岸線ですか。二つ書きましょう。（1つ10点→20点）

（　　　　）と（　　　　）の海岸線。

② ウェゲナーが大陸移動説の根きょと考えていたことを、文中から三つぬき出して書きましょう。（1つ15点→45点）

（　　　　）

（　　　　）

（　　　　）

3 意味のちがいに注意して、同じ読み方の熟語を□に書きましょう。

1つ4点→32点

① いじょう
㋐ 今年は□□気象《きしょう》だ。
㋑ 三才《さんさい》□□の子ども。

② こうこう
㋐ 親《おや》□□な人。
㋑ 兄は来年から□□生《せい》だ。

③ せいか
㋐ 努力の□□。
㋑ □□ランナーが走る。

④ じこ
㋐ 自動車の□□。
㋑ □□しょうかいをする。

4 （　）の中で、漢字の使い方が正しいほうを○で囲みましょう。

1つ2点→18点

① とつ然、クマが（表れた・現れた）と（想像・創造）してごらん。

② 私は（消防署・消防所）と（保険・保健）所《じょ》の近くに（済んで・住んで）いる。

③ 海水が（温かい・暖かい）ので水温を（測って・計って）みる。

④ なみだを流して（泣いた・鳴いた）あと鏡に（映った・写った）顔を見る。

2 国語 同じ読み方の漢字

月　日

1 □には同じ音読みの漢字が入ります。正しい漢字を書きましょう。

1つ2点→18点

① キ
- ㋐ □険《けん》を感じる。
- ㋑ オーケストラの指《し》□をする。
- ㋒ □重品《ちょうひん》を預《あず》ける。

② カン
- ㋐ この本は全部で三《さん》□ある。
- ㋑ 母は□護《ご》師《し》だ。
- ㋒ □単《たん》に説明しよう。

③ セン
- ㋐ 英語を□門《もん》家《か》に学ぶ。
- ㋑ 開会を□言《げん》する。
- ㋒ 近所の□湯《とう》に行く。

2 □には同じ訓読みの漢字が入ります。正しい漢字を書きましょう。

1つ4点→32点

① さめる
- ㋐ お湯が□める。
- ㋑ 朝早く、目が□める。

② おさめる
- ㋐ 税金を□める。
- ㋑ 道具を箱に□める。
- ㋒ 王が国を□める。

③ つとめる
- ㋐ 市役所に□める。
- ㋑ 進行役を□める。
- ㋒ 問題の解決に□める。

学習のポイント

音読みや訓読みが同じ漢字はいろいろあります。意味を考えて正しい漢字を書きましょう。

得点

点

シール

3 □には同じ読み方をする漢字や熟語《じゅくご》が入ります。正しい漢字を書きましょう。

1つ2点→18点

① きゅう
- □食当番《しょくとうばん》になる。
- 持《じ》□力《りょく》をためす。
- □式《しき》の電話。

② さい
- 雑木林で虫を□集《しゅう》する。
- 台風の□害《がい》。
- 実《じっ》□に観察する。

③ こうえん
- □□の遊具で遊ぶ。
- 作家の□□会《かい》。
- バレエの全国《ぜんこく》□□。

4 ——の言葉を漢字と送りがなで書きましょう。

1つ3点→30点

① 新しい家にうつる。（　）

② 勝利をよろこぶ。（　）

③ 毛糸があまる。（　）

④ マフラーをあむ。（　）

⑤ 期待にこたえるために、（　）いきおいよく走る。（　）

⑥ 畑をたがやすことに、（　）ずいぶんなれる。（　）

⑦ 弟が犬をかうことを（　）ゆるす。（　）

国語 1

五年生までに習った漢字

月　日

学習のポイント
五年生までに習った漢字の復習です。送りがなにも気をつけましょう。

得点
点

シール

1

——の漢字の読みがなを書きましょう。　1つ2点→24点

① 貿易会社が利益を上げる。（　）（　）

② 講堂の中は混雑している。（　）（　）

③ 毎月の輸入量の平均を求める。（　）（　）

④ 太平洋の航海に興味をもつ。（　）（　）

⑤ 新幹線のホームで再会する。（　）（　）

⑥ 独断で行動した責任をとる。（　）（　）

2

□に漢字を書きましょう。　1つ2点→28点

① □□□《ぼうふうう》の□□《よほう》が発表された。

② □□《さいのう》を生かして□□《しかく》をとる。

③ ガラス□□《ようき》から□□《しょうどく》の薬を出す。

④ □□《はんにん》に□《に》ていると□□《しょうめい》する。

⑤ この国の□□《かこ》と□□《げんざい》。

⑥ □□《きそく》で□□《しいく》が□□《きんし》された。

夏休みドリル

国語

小学6年

目次

ドリルをやり終わった
得点を書いて、
シールをはりましょう

夏休みドリル 算数 解答とアドバイス

小学6年

別冊《べっさつ》
★取り外して使えます。

ドリルが終わったら答え合わせをして、点数をつけましょう。もし、わからなかった問題やまちがえた問題があったら、「学習のアドバイス」を読んで自分で考えたり、おうちの人に教えてもらったりして、もう一度やってください。必ず力がつきます。

算数 1

月　日

5年生の復習

学習のポイント
5年の学習内容の小数、分数、面積、体積、図形の角、速さ、割合《わりあい》の問題です。計算方法や公式などを思い出して解きましょう。

得点　　点

シール

1▶ 計算をしましょう。わり算はわり切れるまで計算しましょう。　1つ6点→30点

①
```
     8.37
  ×   1.6
   5022
   837
  13.392
```

②
```
        13.35
2.6)34.7.1
     26
      87
      78
       91
       78
       130
       130
         0
```

③
```
     1.25
  ×   4.9
   1125
   500
   6.125
```

④ $2\frac{9}{10}+5\frac{1}{5}=\frac{29}{10}+\frac{26}{5}$
$=\frac{29}{10}+\frac{52}{10}$
$=\frac{81}{10}\left(8\frac{1}{10}\right)$

⑤ $3\frac{1}{8}-\frac{7}{12}=\frac{25}{8}-\frac{7}{12}$
$=\frac{75}{24}-\frac{14}{24}$
$=\frac{61}{24}\left(2\frac{13}{24}\right)$

2▶ 次の図形の面積を求めましょう。　式6点、答え6点→12点

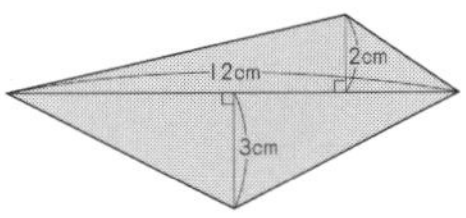

式　$12\times2\div2+$
$12\times3\div2=30$
答え（　$30cm^2$　）

3▶ 次の立体の体積を求めましょう。　式7点、答え7点→14点

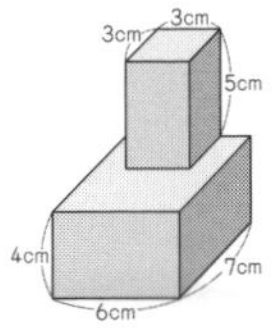

式　$3\times3\times5+$
$7\times6\times4=213$
答え（　$213cm^3$　）

4▶ 次の図形の角㋐と角㋑の大きさを計算で求めましょう。　1つ6点→12点

①

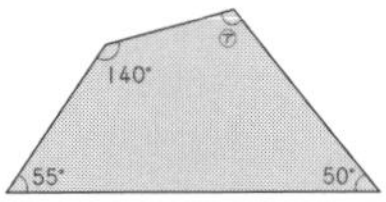

㋐（　115°　）

②

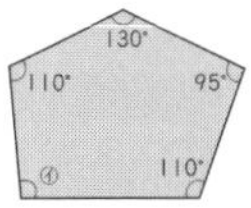

㋑（　95°　）

5▶ 次の問題に答えましょう。　式8点、答え8点→32点

① 時速80kmで走る自動車が100km進むのにかかる時間は何分でしょうか。

式　$100\div80\times60=75$　答え（　75分　）

② 6年生125人のうち、45人がキャンプに行ったことがあります。これは6年生全体の何%にあたりますか。

式　$45\div125\times100=36$　答え（　36%　）

学習のアドバイス

1 5年生の復習

1▶の小数のかけ算とわり算は、答えの小数点の位置に気をつけましょう。帯分数のある分数のたし算、ひき算は、仮分数に直して通分します。2▶と3▶は、公式を用いて求めましょう。4▶の角度は三角形の3つの角の大きさの和が180°であることを活用して求めます。5▶の①は、「きょり」÷「速さ」=「時間」、②は、「比べられる量」÷「もとにする量」=「割合《わりあい》」の式から考えましょう。

算数 2 円の面積

月　日

学習のポイント
円周＝直径× 3.14、円の面積＝半径×半径× 3.14 です。複雑な円の面積もこの公式を使って求められます。

得点　　点

シール

1 次の図形の面積と周りの長さを求めましょう。　式4点、答え4点→32点

①

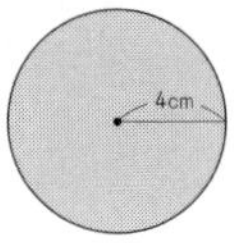

面積　式　4 × 4 × 3.14 ＝ 50.24
答え（ 50.24cm² ）

周りの長さ　式　4 × 2 × 3.14 ＝ 25.12
答え（ 25.12cm ）

②

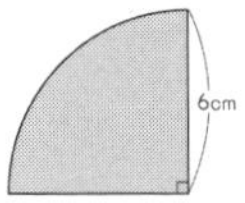

面積　式　6 × 6 × 3.14 ÷ 4 ＝ 28.26
答え（ 28.26cm² ）

周りの長さ　式　6 × 2 × 3.14 ÷ 4 ＋ 6 × 2 ＝ 21.42
答え（ 21.42cm ）

2 直径 10cm の円の面積と円周を求めましょう。　式5点、答え4点→18点

面積　式　5 × 5 × 3.14 ＝ 78.5　答え（ 78.5cm² ）

円周　式　10 × 3.14 ＝ 31.4　答え（ 31.4cm ）

3 円周 37.68cm の円の面積を求めましょう。　式5点、答え5点→10点

式　37.68 ÷ 3.14 ÷ 2 ＝ 6
6 × 6 × 3.14 ＝ 113.04　答え（ 113.04cm² ）

4 色をぬった部分の面積を求めましょう。　式5点、答え5点→40点

①

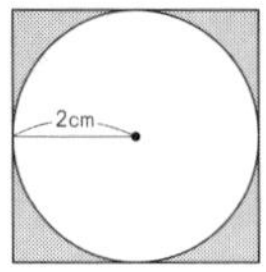

式　4 × 4 − 2 × 2 × 3.14 ＝ 3.44
答え（ 3.44cm² ）

②

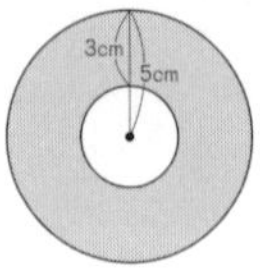

式　5 × 5 × 3.14 − 2 × 2 × 3.14 ＝ 65.94
答え（ 65.94cm² ）

③

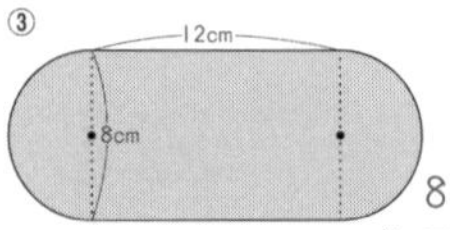

式　8 × 12 ＋ 4 × 4 × 3.14 ＝ 146.24
答え（ 146.24cm² ）

④

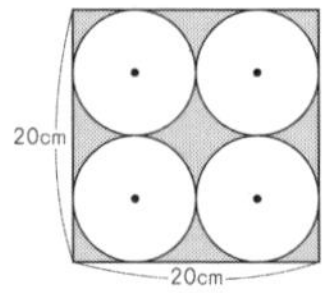

式　20 × 20 − 5 × 5 × 3.14 × 4 ＝ 86
答え（ 86cm² ）

算数 3 対称《たいしょう》な図形

月　日

学習のポイント
対称《たいしょう》の軸《じく》で2つに折ったとき、ぴったり重なる図形が線対称《せんたいしょう》、対称《たいしょう》の中心で180°回転させたとき、ぴったり重なる図形が点対称《てんたいしょう》です。

得点　　点

シール

1 次の図で線対称《せんたいしょう》な図形はどれですか。すべて選んで記号を書きましょう。　全部書けて10点

（ ㋐ ㋒ ㋕ ）

2 下の図は直線アイを対称《たいしょう》の軸《じく》とする線対称《せんたいしょう》な図形です。次の問題に答えましょう。　1つ10点→40点

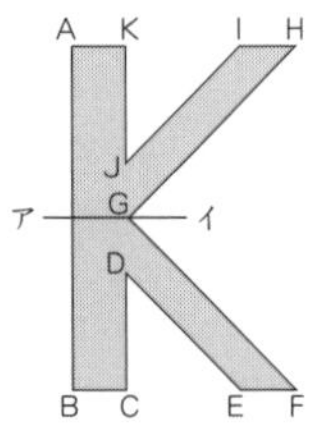

① 点Aに対応する点はどれですか。
（ 点B ）

② 辺KJに対応する辺はどれですか。
（ 辺CD ）

③ 角Iに対応する角はどれですか。
（ 角E ）

④ 辺GHが4cmのとき、辺GFは何cmですか。
（ 4cm ）

3 下の図形を見て問題に答えましょう。　全部書けて1つ10点→20点

① 点対称《てんたいしょう》な図形をすべて選んで記号で答えましょう。
（ ㋑ ㋓ ㋔ ㋕ ）

② 点対称《てんたいしょう》でもあり、線対称《せんたいしょう》でもある図形をすべて選んで記号で答えましょう。
（ ㋓ ㋕ ）

4 下の図は点Oを対称《たいしょう》の中心とする点対称《てんたいしょう》な図形です。次の問題に答えましょう。　1つ10点→30点

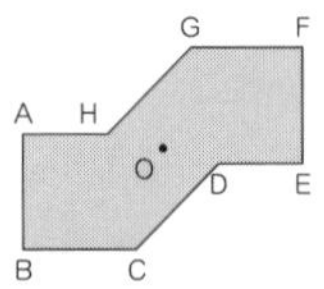

① 点Aに対応する点はどれですか。
（ 点E ）

② 辺BCに対応する辺はどれですか。
（ 辺FG ）

③ 角Dに対応する角はどれですか。
（ 角H ）

算数 4　月　日

分数のかけ算（1）

学習のポイント
分数のかけ算は、分子と分子、分母と分母をかけて求めます。$\frac{a}{b}\times\frac{c}{d}=\frac{a\times c}{b\times d}$です。計算のとちゅうで約分ができることがあります。

得点　点　シール

1 次の計算をしましょう。　1つ3点→18点

① $\frac{2}{5}\times2=\frac{4}{5}$　② $\frac{3}{7}\times1=\frac{3}{7}$　③ $\frac{2}{9}\times4=\frac{8}{9}$

④ $\frac{2}{13}\times6=\frac{12}{13}$　⑤ $\frac{2}{21}\times8=\frac{16}{21}$　⑥ $\frac{5}{33}\times5=\frac{25}{33}$

2 次の計算をしましょう。　1つ4点→16点

① $\frac{1}{4}\times2=\frac{1\times\cancel{2}^{1}}{\cancel{4}^{2}}=\frac{1}{2}$

② $\frac{2}{15}\times5=\frac{2\times\cancel{5}^{1}}{\cancel{15}^{3}}=\frac{2}{3}$

③ $\frac{7}{20}\times6=\frac{7\times\cancel{6}^{3}}{\cancel{20}^{10}}=\frac{21}{10}\left(2\frac{1}{10}\right)$

④ $\frac{5}{42}\times8=\frac{5\times\cancel{8}^{4}}{\cancel{42}^{21}}=\frac{20}{21}$

3 縦《たて》$\frac{2}{3}$cm、横6cmの長方形の面積を求めましょう。　式6点、答え6点→12点

式 $\frac{2}{3}\times6=\frac{2\times\cancel{6}^{2}}{\cancel{3}^{1}}=4$　　答え（ $4cm^2$ ）

4 次の計算をしましょう。　1つ4点→24点

① $\frac{1}{3}\times\frac{1}{2}=\frac{1}{6}$　② $\frac{1}{2}\times\frac{3}{4}=\frac{3}{8}$　③ $\frac{5}{7}\times\frac{3}{4}=\frac{15}{28}$

④ $2\times\frac{1}{3}=\frac{2}{3}$　⑤ $3\times\frac{2}{7}=\frac{6}{7}$　⑥ $4\times\frac{2}{9}=\frac{8}{9}$

5 次の計算をしましょう。　1つ5点→30点

① $\frac{1}{5}\times\frac{5}{7}=\frac{1\times\cancel{5}^{1}}{\cancel{5}^{1}\times7}=\frac{1}{7}$

② $\frac{3}{4}\times\frac{4}{5}=\frac{3\times\cancel{4}^{1}}{\cancel{4}^{1}\times5}=\frac{3}{5}$

③ $\frac{5}{8}\times\frac{1}{10}=\frac{\cancel{5}^{1}\times1}{8\times\cancel{10}^{2}}=\frac{1}{16}$

④ $\frac{2}{5}\times\frac{3}{4}=\frac{\cancel{2}^{1}\times3}{5\times\cancel{4}^{2}}=\frac{3}{10}$

⑤ $\frac{2}{5}\times\frac{15}{22}=\frac{\cancel{2}^{1}\times\cancel{15}^{3}}{\cancel{5}^{1}\times\cancel{22}^{11}}=\frac{3}{11}$

⑥ $\frac{3}{8}\times\frac{16}{21}=\frac{\cancel{3}^{1}\times\cancel{16}^{2}}{\cancel{8}^{1}\times\cancel{21}^{7}}=\frac{2}{7}$

8 算数6年　　算数6年 9

学習のアドバイス

② 円の面積

1の②の周りの長さは、円周の$\frac{1}{4}$＋円の直径の長さで求められます。**3**は円周÷3.14÷2で円の半径を求め、この半径から円の面積を求めます。**4**の①、②、④は、「全体の面積」－「白い部分の面積」です。③は、「長方形の面積」＋「円の面積」です。

学習のアドバイス

③ 対称《たいしょう》な図形

1と**3**は対称《たいしょう》の軸《じく》と対称《たいしょう》の中心を見つけて、線《せん》対称《たいしょう》と点対称《てんたいしょう》の図形を選びます。**2**は、対称《たいしょう》の軸《じく》で折って重なるところに着目しましょう。**4**は対《たい》称《しょう》の中心を180°回してもとの図形と重なるところを見つければ、対応する頂点《ちょうてん》、辺、角がわかります。

学習のアドバイス

④ 分数のかけ算（1）

1と**2**は、$\frac{a}{b}\times c=\frac{a\times c}{b}$で求めます。**4**と**5**は、$\frac{a}{b}\times\frac{c}{d}=\frac{a\times c}{b\times d}$で求めます。整数は分母が1の分数として考えます。とちゅうの計算式で約分ができるときは約分しましょう。

算数 5　月　日

分数のかけ算（2）

学習のポイント
帯分数のあるかけ算は、帯分数を仮分数に直して計算します。整数や小数は分数に直して計算します。

得点　　点　シール

1 次の計算をしましょう。　1つ5点→30点

① $\frac{4}{7}\times1\frac{1}{4}=\frac{\cancel{4}^{1}\times5}{7\times\cancel{4}_{1}}=\frac{5}{7}$

② $1\frac{5}{6}\times\frac{3}{7}=\frac{11\times\cancel{3}^{1}}{\cancel{6}_{2}\times7}=\frac{11}{14}$

③ $2\frac{2}{3}\times1\frac{1}{6}=\frac{\cancel{8}^{4}\times7}{3\times\cancel{6}_{3}}=\frac{28}{9}\left(3\frac{1}{9}\right)$

④ $4\times1\frac{1}{6}=\frac{\cancel{4}^{2}\times7}{\cancel{6}_{3}}=\frac{14}{3}\left(4\frac{2}{3}\right)$

⑤ $3\frac{5}{9}\times2\frac{5}{8}=\frac{\cancel{32}^{4}\times\cancel{21}^{7}}{\cancel{9}_{3}\times\cancel{8}_{1}}=\frac{28}{3}\left(9\frac{1}{3}\right)$

⑥ $3\times2\frac{1}{12}=\frac{\cancel{3}^{1}\times25}{\cancel{12}_{4}}=\frac{25}{4}\left(6\frac{1}{4}\right)$

2 次の数の逆数を書きましょう。　1つ4点→24点

① $\frac{5}{8}$ $\left(\frac{8}{5}\right)$　② $\frac{1}{3}$ (3) $\left(\frac{3}{1}\right)$　③ $1\frac{5}{6}$ $\left(\frac{6}{11}\right)$

④ 5 $\left(\frac{1}{5}\right)$　⑤ 0.3 $\left(\frac{10}{3}\right)$　⑥ 2.9 $\left(\frac{10}{29}\right)$

3 次の計算をしましょう。　1つ6点→30点

① $\frac{1}{3}\times0.7=\frac{1\times7}{3\times10}=\frac{7}{30}$

② $0.9\times\frac{5}{8}=\frac{9\times\cancel{5}^{1}}{\cancel{10}_{2}\times8}=\frac{9}{16}$

③ $1.8\times\frac{7}{12}=\frac{\cancel{18}^{3}\times7}{10\times\cancel{12}_{2}}=\frac{21}{20}\left(1\frac{1}{20}\right)$

④ $\frac{3}{4}\times\frac{8}{7}\times\frac{1}{5}=\frac{3\times\cancel{8}^{2}\times1}{\cancel{4}_{1}\times7\times5}=\frac{6}{35}$

⑤ $2\frac{1}{5}\times3\times\frac{1}{8}=\frac{11\times3\times1}{5\times1\times8}=\frac{33}{40}$

4 次の□にあてはまる不等号を書きましょう。　1つ4点→16点

① $3\times\frac{5}{4}$ [>] 3　② $3\times\frac{4}{5}$ [<] 3

③ $\frac{13}{22}\times\frac{24}{25}$ [<] $\frac{13}{22}$　④ $\frac{13}{22}\times\frac{27}{25}$ [>] $\frac{13}{22}$

算数 6　月　日

分数のわり算（1）

学習のポイント
分数のわり算は、わる分数を逆数にしてかけて求めます。$\frac{a}{b}\div\frac{c}{d}=\frac{a\times d}{b\times c}$です。計算のとちゅうで約分ができることがあります。

得点　　点　シール

1 次の計算をしましょう。　1つ5点→30点

① $\frac{1}{7}\div3=\frac{1}{7\times3}=\frac{1}{21}$

② $\frac{4}{5}\div6=\frac{\cancel{4}^{2}}{5\times\cancel{6}_{3}}=\frac{2}{15}$

③ $\frac{2}{9}\div4=\frac{\cancel{2}^{1}}{9\times\cancel{4}_{2}}=\frac{1}{18}$

④ $\frac{5}{8}\div10=\frac{\cancel{5}^{1}}{8\times\cancel{10}_{2}}=\frac{1}{16}$

⑤ $\frac{14}{9}\div6=\frac{\cancel{14}^{7}}{9\times\cancel{6}_{3}}=\frac{7}{27}$

⑥ $\frac{33}{8}\div11=\frac{\cancel{33}^{3}}{8\times\cancel{11}_{1}}=\frac{3}{8}$

2 次の問題に答えましょう。　式5点、答え5点→20点

① $\frac{27}{2}$kgの米を9人に等しく配ります。1人何kgもらえますか。 $\left(1\frac{1}{2}\text{kg}\right)$

式 $\frac{27}{2}\div9=\frac{\cancel{27}^{3}}{2\times\cancel{9}_{1}}=\frac{3}{2}$　答え $\left(\frac{3}{2}\text{kg}\right)$

② $\frac{24}{7}$mのひもを6等分します。1本の長さは何mですか。

式 $\frac{24}{7}\div6=\frac{\cancel{24}^{4}}{7\times\cancel{6}_{1}}=\frac{4}{7}$　答え $\left(\frac{4}{7}\text{m}\right)$

3 次の計算をしましょう。　1つ5点→50点

① $\frac{1}{7}\div\frac{1}{5}=\frac{1\times5}{7\times1}=\frac{5}{7}$

② $\frac{1}{4}\div\frac{2}{3}=\frac{1\times3}{4\times2}=\frac{3}{8}$

③ $\frac{2}{5}\div\frac{5}{6}=\frac{2\times6}{5\times5}=\frac{12}{25}$

④ $\frac{2}{9}\div\frac{2}{5}=\frac{\cancel{2}^{1}\times5}{9\times\cancel{2}_{1}}=\frac{5}{9}$

⑤ $\frac{3}{10}\div\frac{1}{2}=\frac{3\times\cancel{2}^{1}}{\cancel{10}_{5}\times1}=\frac{3}{5}$

⑥ $\frac{1}{20}\div\frac{1}{30}=\frac{1\times\cancel{30}^{3}}{\cancel{20}_{2}\times1}=\frac{3}{2}\left(1\frac{1}{2}\right)$

⑦ $\frac{15}{4}\div\frac{20}{3}=\frac{\cancel{15}^{3}\times3}{4\times\cancel{20}_{4}}=\frac{9}{16}$

⑧ $\frac{22}{7}\div\frac{55}{6}=\frac{\cancel{22}^{2}\times6}{7\times\cancel{55}_{5}}=\frac{12}{35}$

⑨ $\frac{63}{34}\div\frac{49}{17}=\frac{\cancel{63}^{9}\times\cancel{17}^{1}}{\cancel{34}_{2}\times\cancel{49}_{7}}=\frac{9}{14}$

⑩ $\frac{45}{36}\div\frac{35}{81}=\frac{\cancel{45}^{9}\times\cancel{81}^{9}}{\cancel{36}_{4}\times\cancel{35}_{7}}=\frac{81}{28}\left(2\frac{25}{28}\right)$

算数 7 月　日

分数のわり算（2）

学習のポイント
帯分数のあるわり算は、帯分数を仮分数に直し、整数や小数は分数に直して計算します。

得点　　点　シール

1 次の計算をしましょう。　1つ5点→50点

① $2\div\frac{2}{3}=\frac{\cancel{2}^{1}\times3}{1\times\cancel{2}^{1}}=3$

② $20\div\frac{4}{3}=\frac{\cancel{20}^{5}\times3}{1\times\cancel{4}^{1}}=15$

③ $\frac{5}{6}\div0.5=\frac{\cancel{5}^{1}\times\cancel{10}^{5}}{\cancel{6}^{3}\times\cancel{5}^{1}}=\frac{5}{3}\ \left(1\frac{2}{3}\right)$

④ $1.8\div\frac{9}{4}=\frac{\cancel{18}^{2}\times\cancel{4}^{2}}{\cancel{10}^{5}\times\cancel{9}^{1}}=\frac{4}{5}$

⑤ $\frac{1}{3}\div1\frac{1}{4}=\frac{1\times4}{3\times5}=\frac{4}{15}$

⑥ $2\frac{1}{3}\div\frac{4}{9}=\frac{7\times\cancel{9}^{3}}{\cancel{3}^{1}\times4}=\frac{21}{4}\ \left(5\frac{1}{4}\right)$

⑦ $2\frac{1}{3}\div1\frac{5}{9}=\frac{\cancel{7}^{1}\times\cancel{9}^{3}}{\cancel{3}^{1}\times\cancel{14}^{2}}=\frac{3}{2}\ \left(1\frac{1}{2}\right)$

⑧ $1\frac{3}{8}\div2\frac{1}{12}=\frac{11\times\cancel{12}^{3}}{\cancel{8}^{2}\times25}=\frac{33}{50}$

⑨ $\frac{9}{10}\div0.9=\frac{\cancel{9}^{1}\times\cancel{10}^{1}}{\cancel{10}^{1}\times\cancel{9}^{1}}=1$

⑩ $3\frac{5}{7}\div1.3=\frac{\cancel{26}^{2}\times10}{7\times\cancel{13}^{1}}=\frac{20}{7}\ \left(2\frac{6}{7}\right)$

2 次の計算をしましょう。　1つ6点→30点

① $\frac{1}{2}\div\frac{1}{3}\div\frac{1}{4}=\frac{1\times3\times\cancel{4}^{2}}{\cancel{2}^{1}\times1\times1}=6$

② $\frac{2}{9}\div\frac{4}{5}\div\frac{5}{7}=\frac{\cancel{2}^{1}\times\cancel{5}^{1}\times7}{9\times\cancel{4}^{2}\times\cancel{5}^{1}}=\frac{7}{18}$

③ $\frac{25}{12}\div\frac{1}{9}\div\frac{5}{6}=\frac{\cancel{25}^{5}\times9\times\cancel{6}^{1}}{\cancel{12}^{2}\times1\times\cancel{5}^{1}}=\frac{45}{2}\ \left(22\frac{1}{2}\right)$

④ $2\frac{3}{10}\div2\frac{1}{5}\div\frac{9}{11}=\frac{23\times\cancel{5}^{1}\times\cancel{11}^{1}}{\cancel{10}^{2}\times\cancel{11}^{1}\times9}=\frac{23}{18}\ \left(1\frac{5}{18}\right)$

⑤ $\frac{30}{7}\div\frac{9}{5}\div5=\frac{\cancel{30}^{10}\times\cancel{5}^{1}\times1}{7\times\cancel{9}^{3}\times\cancel{5}^{1}}=\frac{10}{21}$

3 次の□にあてはまる不等号を書きましょう。　1つ5点→20点

① $7\div\frac{6}{7}$ [>] 7　② $7\div\frac{7}{6}$ [<] 7

③ $\frac{8}{11}\div\frac{5}{4}$ [<] $\frac{8}{11}$　④ $\frac{8}{11}\div\frac{12}{13}$ [>] $\frac{8}{11}$

14 算数6年　　算数6年 15

学習のアドバイス

5 分数のかけ算（2）

1の帯分数のかけ算は、帯分数を仮分数に直してから計算します。とちゅうの計算式で約分ができます。**2**の逆数は、$\frac{a}{b}\rightarrow\frac{b}{a}$です。整数の逆数は$\frac{1}{整数}$となります。小数の逆数は、小数を分数に直してから求めます。**3**の小数や整数は分数にして計算します。**4**は、かける数が1より大きいときは、積はかけられる数より大きくなり、かける数が1より小さいときは、積は小さくなります。

学習のアドバイス

6 分数のわり算（1）

1の分数÷整数は、整数を逆数にしてかけ算をします。$\frac{a}{b}\div c=\frac{a}{b}\times\frac{1}{c}$となります。**3**の分数÷分数の計算は、$\frac{a}{b}\div\frac{c}{d}=\frac{a\times d}{b\times c}$となります。とちゅうの計算式で約分ができます。

学習のアドバイス

7 分数のわり算（2）

1の整数や小数は分数にして計算します。帯分数は、仮分数に直します。**2**は、$\frac{a}{b}\div\frac{c}{d}\div\frac{e}{f}=\frac{a\times d\times f}{b\times c\times e}$と計算します。**3**は、わる分数が1より小さいときは、商はわられる数より大きくなり、わる分数が1より大きいときは、商はわられる数より小さくなります。

算数 8

月　日

分数のかけ算・わり算（1）

学習のポイント
分数でも次の計算の決まりが使えます。
(a×b)×c=a×(b×c)
(a+b)×c=a×c+b×c
(a−b)×c=a×c−b×c

得点　　点

シール

1 次の計算をしましょう。　1つ8点→64点

① $\frac{1}{2}\times\frac{1}{3}\div\frac{2}{5}=\frac{1\times1\times5}{2\times3\times2}=\frac{5}{12}$

② $\frac{5}{2}\times\frac{8}{7}\div\frac{16}{3}=\frac{5\times\cancel{8}^{1}\times3}{2\times7\times\cancel{16}^{2}}=\frac{15}{28}$

③ $\frac{9}{8}\times\frac{7}{5}\div\frac{3}{4}=\frac{\cancel{9}^{3}\times7\times\cancel{4}^{1}}{\cancel{8}^{2}\times5\times\cancel{3}^{1}}=\frac{21}{10}$ $\left(2\frac{1}{10}\right)$

④ $\frac{3}{10}\div\frac{1}{5}\times\frac{5}{6}=\frac{\cancel{3}^{1}\times\cancel{5}^{1}\times5}{\cancel{10}^{2}\times1\times\cancel{6}^{2}}=\frac{5}{4}$ $\left(1\frac{1}{4}\right)$

⑤ $\frac{14}{25}\times\frac{5}{12}\div1\frac{13}{36}=\frac{\cancel{14}^{2}\times\cancel{5}^{1}\times\cancel{36}^{3}}{\cancel{25}^{5}\times\cancel{12}^{1}\times\cancel{49}^{7}}=\frac{6}{35}$

⑥ $2\frac{1}{2}\div1\frac{11}{40}\times\frac{17}{24}=\frac{5\times\cancel{40}^{5}\times\cancel{17}^{1}}{2\times\cancel{51}^{3}\times\cancel{24}^{3}}=\frac{25}{18}$ $\left(1\frac{7}{18}\right)$

⑦ $\frac{1}{2}\times\frac{1}{3}\div\frac{3}{4}\times\frac{1}{4}=\frac{1\times1\times\cancel{4}^{1}\times1}{2\times3\times3\times\cancel{4}^{1}}=\frac{1}{18}$

⑧ $\frac{1}{8}\div\frac{1}{7}\times\frac{4}{5}\times\frac{3}{7}=\frac{1\times\cancel{7}^{1}\times\cancel{4}^{1}\times3}{\cancel{8}^{2}\times1\times5\times\cancel{7}^{1}}=\frac{3}{10}$

2 くふうして計算しましょう。とちゅうの計算も書きましょう。　1つ6点→36点

① $\left(\frac{1}{3}\times\frac{5}{8}\right)\times\frac{4}{5}=\frac{1}{3}\times\left(\frac{\cancel{5}^{1}\times\cancel{4}^{1}}{\cancel{8}^{2}\times\cancel{5}^{1}}\right)=\frac{1}{6}$

② $\left(\frac{2}{9}-\frac{1}{6}\right)\times\frac{18}{7}=\frac{2\times\cancel{18}^{2}}{\cancel{9}^{1}\times7}-\frac{1\times\cancel{18}^{3}}{\cancel{6}^{1}\times7}=\frac{1}{7}$

③ $\left(\frac{1}{4}\times\frac{13}{2}\right)\times\frac{3}{26}=\frac{1}{4}\times\left(\frac{\cancel{13}^{1}\times3}{2\times\cancel{26}^{2}}\right)=\frac{3}{16}$

④ $\left(\frac{1}{6}+\frac{3}{4}\right)\times\frac{12}{5}=\frac{1\times\cancel{12}^{2}}{\cancel{6}^{1}\times5}+\frac{3\times\cancel{12}^{3}}{\cancel{4}^{1}\times5}=\frac{11}{5}$ $\left(2\frac{1}{5}\right)$

⑤ $\frac{7}{13}\times\frac{1}{6}+\frac{7}{13}\times\frac{5}{6}=\frac{7}{13}\times\left(\frac{1}{6}+\frac{5}{6}\right)$
$=\frac{7}{13}\times1=\frac{7}{13}$

⑥ $\frac{4}{9}\times\frac{2}{5}-\frac{1}{9}\times\frac{2}{5}=\left(\frac{4}{9}-\frac{1}{9}\right)\times\frac{2}{5}$
$=\frac{\cancel{3}^{1}}{\cancel{9}^{3}}\times\frac{2}{5}=\frac{2}{15}$

算数 9

月　日

分数のかけ算・わり算（2）

学習のポイント
分数のかけ算とわり算の式に整数と小数が混ざっているときは、分数に直して計算します。

得点　　点

シール

1 次の計算をしましょう。　1つ8点→64点

① $\frac{5}{9}\times\frac{3}{4}\div5=\frac{\cancel{5}^{1}\times\cancel{3}^{1}\times1}{\cancel{9}^{3}\times4\times\cancel{5}^{1}}=\frac{1}{12}$

② $\frac{2}{5}\times0.4\div\frac{4}{7}=\frac{\cancel{2}^{1}\times\cancel{4}^{1}\times7}{5\times\cancel{10}^{5}\times\cancel{4}^{1}}=\frac{7}{25}$

③ $\frac{9}{10}\div2.7\times\frac{1}{4}=\frac{\cancel{9}^{1}\times\cancel{10}^{1}\times1}{\cancel{10}^{1}\times\cancel{27}^{3}\times4}=\frac{1}{12}$

④ $0.8\div\frac{3}{10}\div5.6=\frac{\cancel{8}^{1}\times\cancel{10}^{1}\times10}{\cancel{10}^{1}\times3\times\cancel{56}^{7}}=\frac{10}{21}$

⑤ $\frac{1}{15}\times3.5\div0.6=\frac{1\times\cancel{35}^{7}\times\cancel{10}^{1}}{\cancel{15}^{3}\times\cancel{10}^{1}\times6}=\frac{7}{18}$

⑥ $0.3\div\frac{7}{30}\times\frac{21}{4}=\frac{3\times\cancel{30}^{3}\times\cancel{21}^{3}}{\cancel{10}^{1}\times\cancel{7}^{1}\times4}=\frac{27}{4}$ $\left(6\frac{3}{4}\right)$

⑦ $\frac{5}{12}\div\frac{5}{13}\times3.6=\frac{\cancel{5}^{1}\times13\times\cancel{36}^{3}}{\cancel{12}^{1}\times\cancel{5}^{1}\times10}=\frac{39}{10}$ $\left(3\frac{9}{10}\right)$

⑧ $\frac{33}{56}\times0.63\div\frac{11}{50}=\frac{\cancel{33}^{3}\times\cancel{63}^{9}\times\cancel{50}^{1}}{\cancel{56}^{8}\times\cancel{100}^{2}\times\cancel{11}^{1}}=\frac{27}{16}$ $\left(1\frac{11}{16}\right)$

2 次の問題に答えましょう。　式5点、答え4点→36点

① 全部で168ページの本の$\frac{3}{4}$を読み終わりました。読んでいないページはあと何ページですか。

式 $168\times\left(1-\frac{3}{4}\right)=168\times\frac{1}{4}=42$

答え（42ページ）

② 底辺が$2\frac{2}{5}$cm、高さが$2\frac{1}{7}$cmの三角形の面積を求めましょう。

式 $2\frac{2}{5}\times2\frac{1}{7}\div2=\frac{\cancel{12}^{6}\times\cancel{15}^{3}\times1}{\cancel{5}^{1}\times7\times\cancel{2}^{1}}=\frac{18}{7}$

$\left(2\frac{4}{7}\text{cm}^2\right)$ 答え（$\frac{18}{7}\text{cm}^2$）

③ 1日に12秒ずつ進む時計があります。この時計は何日で5分進みますか。

式 $5\div\frac{12}{60}=5\div\frac{1}{5}=5\times5=25$

別解 $60\times5\div12=300\div12=25$

答え（25日）

④ 港から出発した船が1時間48分かけて大島に到着しました。大島までのきょりは72kmです。船の速度は、時速何kmですか。

式 $72\div1\frac{48}{60}=72\div1\frac{4}{5}=72\times\frac{5}{9}=40$

別解 $72\div1.8=40$

答え（時速40km）

算数 10

分数の倍

月　日　　得点　　点　　シール

1▷ $\frac{2}{7}$m をもとにすると、$\frac{15}{14}$m は何倍ですか。　式 10 点、答え 10 点→20 点

式 $\frac{15}{14}\div\frac{2}{7}=\frac{15\times\cancel{7}^{1}}{\cancel{14}^{2}\times 2}=\frac{15}{4}$

答え（ $\frac{15}{4}$倍 ）　（$3\frac{3}{4}$倍）

2▷ $\frac{3}{5}$L の重さが $\frac{7}{10}$kg の土があります。次の問題に答えましょう。　式 10 点、答え 10 点→40 点

① この土 1L の重さは何 kg ですか。

式 $\frac{7}{10}\div\frac{3}{5}=\frac{7\times\cancel{5}^{1}}{\cancel{10}^{2}\times 3}=\frac{7}{6}$

答え（ $\frac{7}{6}$kg ）　（$1\frac{1}{6}$kg）

② この土 1kg は何 L ですか。

式 $\frac{3}{5}\div\frac{7}{10}=\frac{3\times\cancel{10}^{2}}{\cancel{5}^{1}\times 7}=\frac{6}{7}$

答え（ $\frac{6}{7}$L ）

3▷ おかし屋さんに行きました。キャンディの値段《ねだん》はクッキーの $\frac{2}{3}$ 倍でした。クッキーの値段《ねだん》は 270 円で、これはロールケーキの値段《ねだん》の $\frac{3}{8}$ 倍です。次の問題に答えましょう。　式 10 点、答え 10 点→40 点

① キャンディの値段《ねだん》を求めましょう。

式 $270\times\frac{2}{3}=\frac{\cancel{270}^{90}\times 2}{\cancel{3}^{1}}=180$

答え（ 180 円 ）

② ロールケーキの値段《ねだん》を求めましょう。

式 $270\div\frac{3}{8}=\frac{\cancel{270}^{90}\times 8}{\cancel{3}^{1}}=720$

答え（ 720 円 ）

算数 11

比

月　日　　得点　　点　　シール

1▷ 次の比を簡単《かんたん》にしましょう。　1つ7点→28 点

① 49 : 70　（ 7 : 10 ）　② 1.6 : 5.6　（ 2 : 7 ）

③ 1.2 : 36　（ 1 : 30 ）　④ $\frac{2}{3}:\frac{4}{5}$　（ 5 : 6 ）

2▷ 次の問題に答えましょう。　1つ10点→20 点

① 赤いばらを 28 本、青いばらを 21 本で花たばを作りました。赤いばらと青いばらの本数の割合《わりあい》を比で表しましょう。　（ 4 : 3 ）

② お父さんの体重は 75kg、けんさんの体重は 40kg です。お父さんとけんさんの体重の割合《わりあい》を比で表しましょう。　（ 15 : 8 ）

3▷ 次の比の値《あたい》を求めましょう。　1つ7点→28 点

① 2 : 5　（ $\frac{2}{5}$ ）　② 0.6 : 0.8　（ $\frac{3}{4}$ ）

③ $\frac{5}{7}$: 1.5　（ $\frac{10}{21}$ ）　④ $\frac{4}{6}:\frac{12}{18}$　（ 1 ）

4▷ 牛のひき肉とぶたのひき肉を 7 : 3 の割合《わりあい》で混ぜてハンバーグを作ります。牛のひき肉が 350g あるとき、ぶたのひき肉は何 g 必要ですか。　式 14 点、答え 10 点→24 点

式 $350\times\frac{3}{7}=150$

答え（ 150g ）

学習のアドバイス

8 分数のかけ算・わり算（1）

1▷のような分数のかけ算とわり算が混ざった計算も、$\frac{a}{b}\times\frac{c}{d}\div\frac{e}{f}=\frac{a\times c\times f}{b\times d\times e}$のようになります。とちゅうの計算式での約分を見落とさないようにしましょう。2▷は、整数の計算でも用いた計算の決まりを活用すると、簡単《かんたん》になります。

学習のアドバイス

9 分数のかけ算・わり算（2）

1▷は、整数や小数も分数に直して計算します。2▷の①は、読んでいないページが 168 ページの $\frac{1}{4}$ に当たることに気づけば、簡単《かんたん》に求められます。②は、三角形の面積の公式にあてはめて計算します。

学習のアドバイス

10 分数の倍

分数の倍に関する問題は、次の公式を活用します。
「比べられる量」÷「もとにする量」＝「割合《わりあい》（倍）」、
「もとにする量」×「割合《わりあい》（倍）」＝「比べられる量」、
「比べられる量」÷「割合《わりあい》（倍）」＝「もとにする量」。

学習のアドバイス

11 比

1▷は、比の性質を使って、比を簡単《かんたん》にします。①は、49 : 70 ＝（49 ÷ 7）:（70 ÷ 7）＝ 7 : 10、②は、1.6 : 5.6 ＝（1.6 × 10）:（5.6 × 10）＝ 16 : 56 ＝ 2 : 7、③は、1.2 : 36 ＝（1.2 × 10）:（36 × 10）＝ 12 : 360 ＝ 1 : 30 となります。④は、$\frac{2}{3}:\frac{4}{5}$ ＝（$\frac{2}{3}$ × 15）:（$\frac{4}{5}$ × 15）＝ 10 : 12 ＝ 5 : 6 となります。3▷は、まず、比を簡単《かんたん》にします。その比を a : b ＝ a ÷ b ＝ $\frac{a}{b}$ と表した数が比の値です。

算数 12

月　日

文字と式

学習のポイント

わからない数を表すときや、わからない数のある式をつくるときに、□や○の代わりに x、y、a、b、c などの文字を使います。

得点　　点

シール

1 次の①と②を x を使った式に表しましょう。　1つ6点→12点

① 1本90円のえんぴつを x 本買ったときの代金は450円でした。

（ $90\times x=450$ ）

② x 個のチョコレートを8人で分けたら、1人分は3個でした。

（ $x\div 8=3$ ）

2 x にあてはまる数を求めましょう。　式4点、答え4点→32点

① $x+24=51$

式 $x=51-24$　$x=27$

答え（ 27 ）

② $x-72=77$

式 $x=77+72$　$x=149$

答え（ 149 ）

③ $12\times x=60$

式 $x=60\div 12$　$x=5$

答え（ 5 ）

④ $x\div 5=60$

式 $x=60\times 5$　$x=300$

答え（ 300 ）

3 下の図形を見て、①と②の式はそれぞれ長方形の何を表しているか、答えましょう。　1つ5点→10点

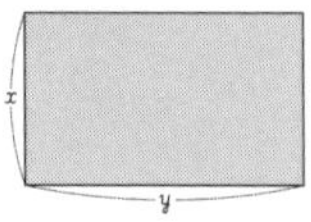

① $x\times y$（ 面積 ）

② $(x+y)\times 2$（ 周りの長さ ）

4 次の場面を、x と y を使って「$=y$」となるように式に表しましょう。　1つ6点→24点

① 1箱6個入りのおまんじゅうが x 箱あります。おまんじゅうは全部で y 個です。

（ $6\times x=y$ ）

② 1個180gのもも x 個を、300gの箱に入れると全体の重さは y gです。

（ $180\times x+300=y$ ）

③ 80mのロープを x mずつに切ると y 本できます。

（ $80\div x=y$ ）

④ 直径が x cmの円の円周は y cmです。

（ $x\times 3.14=y$ ）

5 1冊《さつ》140円のノートを x 冊《さつ》買って、1000円を出したら、おつりは y 円でした。次の問題に答えましょう。

① x と y を使って、おつりを求める式を「$=y$」となるように書きましょう。　8点

（ $1000-140\times x=y$ ）

② ノートを4冊《さつ》買いました。おつりは何円でしょうか。　式7点、答え7点→14点

式 $1000-140\times 4=440$

答え（ 440円 ）

算数 13

月　日

まとめ

学習のポイント

いろいろな問題があります。一度解けた問題も、他の方法で解けるか考えてみましょう。

得点　　点

シール

1 次の計算をしましょう。　1つ5点→30点

① $\frac{2}{9}\times 15=\frac{2\times \cancel{15}^{5}}{\cancel{9}^{3}}=\frac{10}{3}\left(3\frac{1}{3}\right)$

② $5\frac{5}{6}\times 1\frac{3}{5}=\frac{\cancel{35}^{7}\times \cancel{8}^{4}}{\cancel{6}^{3}\times \cancel{5}^{1}}=\frac{28}{3}\left(9\frac{1}{3}\right)$

③ $\frac{3}{5}\div\frac{6}{7}=\frac{\cancel{3}^{1}\times 7}{5\times \cancel{6}^{2}}=\frac{7}{10}$

④ $2\frac{1}{10}\div 1\frac{13}{15}=\frac{\cancel{21}^{3}\times \cancel{15}^{3}}{\cancel{10}^{2}\times \cancel{28}^{4}}=\frac{9}{8}\left(1\frac{1}{8}\right)$

⑤ $\left(\frac{4}{9}-\frac{1}{6}\right)\times\frac{18}{5}=\frac{4\times \cancel{18}^{2}}{\cancel{9}^{1}\times 5}-\frac{1\times \cancel{18}^{3}}{\cancel{6}^{1}\times 5}=\frac{8}{5}-\frac{3}{5}=1$

⑥ $\frac{3}{2}\div\frac{2}{15}\times\frac{2}{3}\times\frac{2}{7}=\frac{\cancel{3}^{1}\times 15\times \cancel{2}^{1}\times \cancel{2}^{1}}{\cancel{2}^{1}\times \cancel{2}^{1}\times \cancel{3}^{1}\times 7}=\frac{15}{7}\left(2\frac{1}{7}\right)$

2 次の図形の面積と周りの長さを求めましょう。　式5点、答え5点→20点

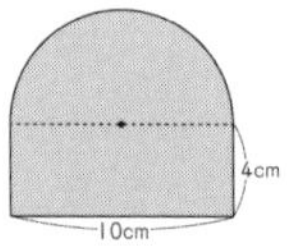

（面積）

式 $5\times 5\times 3.14\div 2+10\times 4$
$=79.25$

答え（ 79.25cm^2 ）

（周りの長さ）

式 $10\times 3.14\div 2+$
$4\times 2+10=33.7$

答え（ 33.7cm ）

3 下の図は線対称《せんたいしょう》な図形です。問題に答えましょう。　1つ4点→12点

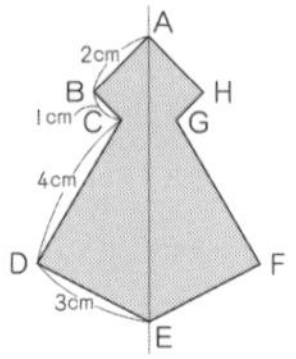

① 点Dに対応する点はどれですか。

（ 点F ）

② 角Hに対応する角はどれですか。

（ 角B ）

③ 辺FGは何cmですか。

（ 4cm ）

4 4：3と等しい比は㋐から㋓のうちどれですか。　6点

㋐ 12：14　㋑ $\frac{1}{4}:\frac{1}{3}$　㋒ 0.24：0.18　㋓ 320：250

（ ㋒ ）

5 砂糖《さとう》と小麦粉を重さ1：3の割合《わりあい》で混ぜてクッキーを作ります。砂糖《さとう》と小麦粉を混ぜると480gです。小麦粉は何gありましたか。　式8点、答え8点→16点

式 $480\times\frac{3}{4}=360$

答え（ 360g ）

6 「$=y$」となるように文字を使った式に表しましょう。　1つ8点→16点

① 底辺が x cm、高さが5cmの三角形の面積は y cm^2 です。

（ $x\times 5\div 2=y$ ）

② 10円玉が x 枚《まい》、50円玉が11枚《まい》あります。全部あわせると y 円です。

（ $10\times x+50\times 11=y$ ）

12 国語 まとめ

月　日

学習のポイント 漢字の読み方と書きとりの練習をして、説明文の要点を読みとりましょう。

得点　　点

シール

1 ――の漢字の読みがなを書きましょう。（1つ3点→36点）

① 入場券（にゅうじょうけん）
② 俳句をよむ。（はいく）
③ アジア諸国（しょこく）
④ 応急処置（しょち）
⑤ 茶道の流派。（りゅうは）
⑥ 大規模（だいきぼ）
⑦ 干潮の砂浜。（かんちょう）
⑧ 推理小説（すいり）
⑨ 同窓会（どうそうかい）
⑩ 革命を起こす。（かくめい）
⑪ 三大宗教（しゅうきょう）
⑫ 装置を動かす。（そうち）

2 □に漢字を書きましょう。（1つ3点→36点）

① 安全な 地《ち》域《いき》。
② 延《えん》長《ちょう》コード
③ 臨《りん》時《じ》の仕事。
④ 鉄《てっ》鋼《こう》業《ぎょう》
⑤ 本が 五《ご》冊《さつ》ある。
⑥ 地図の 縮《しゅく》尺《しゃく》。
⑦ 温《おん》泉《せん》に入る。
⑧ 背《せ》泳《およ》ぎ
⑨ 夕《ゆう》暮《ぐ》れ
⑩ 補《ほ》修《しゅう》工事《こうじ》
⑪ 翌《よく》日《じつ》
⑫ 対《たい》策《さく》を講ずる。

3 次の説明文を読んで、問題に答えましょう。

橋には必ず、「橋名板」という橋の名前が記されたプレートが取りつけてあります。橋名板は、橋の入り口側では漢字、出口側ではひらがなで書くことに決まっています。

では、橋の「入り口」と「出口」はどうやって決まるのでしょうか。それは橋を通る道路がどこから始まっているかによります。道路には、始まる場所（起点）と終わる場所（終点）があり、起点側が橋の入り口、終点側が橋の出口となります。

大正時代、日本の道路は、東京都にある「日本橋」を起点にするとされていました。ですから、日本橋に近いほうが橋の入り口となったのです。ただし、現在では、その地域《ちいき》の人口の多い都市を起点にしていることが多くなっています。

道路の起点だった日本橋には、入り口も出口もありません。［①］、橋のどちら側から見ても、左にひらがなで「にほんは（ば）し」、右に漢字で「日本橋」と記されているのです。

① 橋の出口について、正しく説明しているものを選びましょう。（7点）

（○）橋を通る道路によって決まる。
（　）人口の多い都市に近いほうが出口になる。
（　）大正時代のすべての橋には入り口も出口もなかった。

② 「日本橋」について説明した次の文の（　）にあてはまる言葉を、文章中からぬき出して書きましょう。（1つ7点→14点）

橋の名前は、橋の左側には（ひらがな）で、右側には（漢字）で書かれている。

③ ［①］に入る言葉を次から選んで、あてはまるものに○を書きましょう。（7点）

（　）しかし　（　）または
（　）それでは　（○）だから

学習のアドバイス

12 文字と式

1は、xを用いて問題文通りの式をつくります。2の①はひき算、②はたし算、③はわり算、④はかけ算の式になります。3は、図形と式を見れば、何を表しているかがわかります。4と5①は、問題文通りの式をつくります。

学習のアドバイス

13 まとめ

1の分数のかけ算、わり算は、とちゅうの式で約分すると答えを簡単《かんたん》に求められます。2は、2つの図形に分けて面積を求めます。4は、分数と小数の比を整数の比に直し、それらを簡単《かんたん》な比にして、比べます。5は、480gの$\frac{3}{4}$（小麦粉）を求めます。480gを1：3に分けて求める方法もあります。

学習のアドバイス

12 まとめ

1と2は漢字の読みとりと書きとりの仕上げの練習です。わからなかった漢字は教科書や漢字辞典などで調べて、読み方や書き方を確かめましょう。3の説明文は、橋名板の位置、橋の入り口と出口の決まり方、特別な例としての日本橋、の三つに分けて、内容を読みとりましょう。①は、橋の「入り口」と「出口」は橋を通る道路がどこから始まるかによって決まる、という二段落目《だんらくめ》の内容から正解を選びましょう。

10 国語 文の組み立て

月　日

1 次の文から主語と述語を探《さが》して、それぞれ記号を書きましょう。　1つ5点【40点】

① ㋐父は　㋑電車に　㋒乗って　㋓会社に　㋔通う。
主語（㋐）述語（㋔）

② ㋐大きな　㋑病院に　㋒祖父が　㋓入院した。
主語（㋒）述語（㋓）

③ ㋐庭に　㋑むらさき色の　㋒花が　㋓さいた。
主語（㋒）述語（㋓）

④ ㋐白い　㋑子犬が　㋒ボールに　㋓向かって　㋔走る。
主語（㋑）述語（㋔）

2 言葉を並《なら》べかえて、意味の通る文にします。矢印の後のあいているところに記号を書きましょう。　全部できて1つ15点【60点】

① ㋐飼っている　㋑小鳥が　㋒妹が　㋓鳴いている
（㋒→㋐→㋑→㋓）

② ㋐つくった　㋑梅干《うめぼ》しを　㋒食べた　㋓祖母が
（㋓→㋐→㋑→㋒）

③ ㋐遠足が　㋑接近して　㋒延期《えんき》された　㋓台風が
（㋓→㋑→㋐→㋒）

④ ㋐図書館で　㋑行《い》った　㋒土曜日に　㋓借りた　㋔本だ
（㋒→㋑→㋐→㋓→㋔）

学習のポイント
主語と述語の関係や、意味のつながりに注意して、文の組み立てを考えましょう。

得点　点

シール

11 国語 話し言葉と書き言葉

月　日

1 次の文のうち、話し言葉に△、書き言葉に○を書きましょう　1つ4点【28点】

① これ、読んじゃったら、あげるよ。（△）

② 本を読んでから、宿題をした。（○）

③ あっ、そっち行ったら、だめだよ。（△）

④ あそこを右、ちがう、左に曲がって。（△）

⑤ 公園の角を左に曲がると、大きな図書館があった。（○）

⑥ 先生が「楽しい」っておっしゃってたよ。（△）

⑦ 校長先生は楽しんでくださったそうだ。（○）

2 次の話し言葉の文を、書き言葉の文に直しましょう。　1つ24点【72点】

① ええと、三年前だな、あの映画《えいが》を初めて見たのは。
例（あの映画を初めて見たのは三年前だ。）

② 新作は、今月、いや、来月公開だよ。
例（新作は、来月公開だ。）

③ とっても感動してね、見ながら泣いちゃったよ。
例（とても感動して、見ながら泣いてしまった。）

学習のポイント
話し言葉と書き言葉のちがいを知り、使い分けてできるようにしましょう。

得点　点

シール

学習のアドバイス

8 熟語《じゅくご》の成り立ち

1や3の熟語《じゅくご》の組み立てを理解しておけば、熟語《じゅくご》を覚えるときに役立ちます。意味に気をつけて、使ってみましょう。

学習のアドバイス

9 四字熟語《よじじゅくご》

意味や出典を調べて理解を深めましょう。2の③の「半信半疑《はんしんはんぎ》」は、本当かどうかはっきりしないで迷うこと、4の⑥の「温故知新」は、昔のことを勉強して、そこから新しい知識を得るという意味です。

学習のアドバイス

10 文の組み立て

主語と述語の関係を正しく読みとりましょう。2も主語と述語を見分ければ、順番がすぐにわかります。

学習のアドバイス

11 話し言葉と書き言葉

音声で表す言葉を話し言葉、文字で表す言葉を書き言葉といいます。話し言葉には「ええと」「いや」などの言葉がはさまれたり、語順が整っていなかったりすることがあります。書き言葉はだれが読んでもわかるように、語順や構成を整えて書きます。

国語

8 熟語《じゅくご》の成り立ち

月　日

1 ①～④に合う熟語《じゅくご》を□から二つずつ選んで、記号を書きましょう。 1つ3点→24点

① 意味が対（反対）になる漢字の組み合わせでできている熟語《じゅくご》。 （ア）（エ）

② 似た意味の漢字の組み合わせでできている熟《じゅく》語《ご》。 （イ）（カ）

③ 上の漢字が下の漢字を修飾《しゅうしょく》する熟語《じゅくご》。 （オ）（キ）

④ 上の漢字が動作を表し、その対象を表す漢字が下にくる熟語《じゅくご》。 （ウ）（ク）

㋐善悪《ぜんあく》	㋑尊敬《そんけい》	㋒染色《せんしょく》	㋓開閉《かいへい》
㋔難問《なんもん》	㋕永久	㋖熟読《じゅくどく》	㋗洗顔《せんがん》

2 「不・未・非・無」の中から□にあてはまる漢字を選んで書き、熟語《じゅくご》を完成させましょう。 1つ2点→20点

① 無視《し》　② 不公平　③ 未熟《じゅく》　④ 非常識　⑤ 不安　⑥ 未解決　⑦ 未完　⑧ 無制限　⑨ 非行　⑩ 無罪

学習のポイント
漢字の意味や組み合わせに注意して、熟語《じゅくご》の成り立ちを理解しましょう。

得点　　点

シール

3 次の三字熟語《さんじじゅくご》の組み立てを□から選んで、記号を書きましょう。 1つ2点→20点

① 経済学《けいざいがく》（イ）　② 映画館《えいがかん》（イ）
③ 天地人（ウ）　④ 棒磁石《ぼうじしゃく》（ア）
⑤ 体操服《たいそうふく》（イ）　⑥ 水蒸気《すいじょうき》（ア）
⑦ 衣食住（ウ）　⑧ 乳製品《にゅうせいひん》（ア）
⑨ 深呼吸《しんこきゅう》（ア）　⑩ 合理化（イ）

㋐一字の語＋二字の熟語《じゅくご》。
㋑二字の熟語《じゅくご》＋一字の語。
㋒一字の語が三つ並《なら》んでいる。

4 三字熟語《さんじじゅくご》を書いて文を完成させましょう。 1つ3点→36点

① 誕生日《たんじょうび》に祖父母《そふぼ》に会う。
② 郵便局《ゆうびんきょく》に警察官《けいさつかん》が来た。
③ 宇宙船《うちゅうせん》の開発に意欲的《いよくてき》だ。
④ かれは合衆国《がっしゅうこく》の大統領《だいとうりょう》だ。
⑤ 優勝者《ゆうしょうしゃ》が授賞式《じゅしょうしき》に参加する。
⑥ 生存者《せいぞんしゃ》を救急車《きゅうきゅうしゃ》で運ぶ。

国語

9 四字熟語《よじじゅくご》

月　日

1 次の四字熟語《よじじゅくご》の組み立てを□から選んで、記号を書きましょう。 1つ2点→16点

① 穀倉地帯《こくそうちたい》（ア）　② 国王陛下《こくおうへいか》（ア）
③ 自家用車（イ）　④ 都道府県（ウ）
⑤ 視力検査《しりょくけんさ》（ア）　⑥ 私鉄沿線《してつえんせん》（ア）
⑦ 春夏秋冬（ウ）　⑧ 海水浴客（イ）

㋐二字の熟語《じゅくご》＋二字の熟語《じゅくご》。
㋑三字の熟語《じゅくご》＋一字の語。
㋒一字の語が四つ並《なら》んでいる。

2 ①～⑥それぞれの二つの□には同じ漢字が入ります。□にあてはまる漢字を□から選んで記号で答えましょう。 1つ4点→24点

① □人□色（オ）
② 右□左□（ウ）
③ □信□疑《ぎ》（イ）
④ □給□足（エ）
⑤ □体□命（カ）
⑥ 以□伝□（ア）

㋐心	㋑半	㋒往
㋓自	㋔十	㋕絶

学習のポイント
四字熟語《よじじゅくご》の成り立ちと意味を理解して、使い方を身につけましょう。

得点　　点

シール

3 次の四字熟語《よじじゅくご》の意味を□から選んで、記号を書きましょう。 1つ6点→36点

① 質実剛健《しつじつごうけん》（ウ）　② 意気投合（エ）
③ 我田引水《がでんいんすい》（ア）　④ 電光石火（イ）
⑤ 日進月歩（カ）　⑥ 大器晩成《たいきばんせい》（オ）

㋐自分に都合よく考えたり、行動したりすること。
㋑非常にすばやい行動のこと。
㋒かざり気がなく、まじめで強くたくましいこと。
㋓おたがいの気持ちがぴったり合うこと。
㋔大物になる人は若《わか》いうちは目立たず、年をとってから成功するということ。
㋕休みなく進歩を続けること。

4 □に入る言葉を□から選んで書き、四字熟語《よじじゅくご》を使った文を完成させましょう。 1つ4点→24点

① 空前絶後のアクション映画《えいが》を見る。
② 起死回生のシュートを放った。
③ のんびりと晴耕雨読の暮《く》らしをしたい。
④ 事件の一部始終を見た。
⑤ 単刀直入に聞く。
⑥ 温故知新の考えで語りつぐ。

始終	晴耕	起死
温故	空前	単刀

7 国語 物語の読みとり

月　日

学習のポイント　登場人物の行動の理由や心情の変化を考えながら読みましょう。

得点　　点

シール

1 次の物語を読んで、問題に答えましょう。

あらすじ
鉄冠子《てっかんし》（老人）の弟子《でし》となった杜子春《とししゅん》は「仙人《せんにん》になるためには、声を出してはいけない」と言われています。地獄《じごく》のえんま大王は、杜子春《とししゅん》にここに来た理由を答えさせようとはげしい責め苦を与えますが、声を出しません。そこで、地獄《じごく》でけものの姿《すがた》になっている杜子春《とししゅん》の父親と母親を連れてきます。

鬼《おに》どもはいっせいに「はっ」と答えながら、鉄のむちをとって立ち上がると、四方八方から①二ひきの馬を、*未練未釈《みれんみしゃく》なく打ちのめしました。むちはりゅうりゅうと風を切って、*ところきらわず雨のように、馬の皮肉《ひにく》を打ち破るのです。馬は、――*畜生《ちくしょう》になった父母は、苦しそうに身をもだえて、眼《め》には血のなみだを浮《う》かべたまま、見てもいられないほどいなき立てました。

「どうだ。まだその方は白状しないか。」

えんま大王は鬼《おに》どもに、しばらくむちの手をやめさせて、もう一度杜子春《とししゅん》の答えをうながしました。もうその時には二ひきの馬も、肉はさけ骨《ほね》はくだけて、息も絶え絶えに*階《きざはし》の前へ、たおれふしていたのです。杜子春《とししゅん》は必死になって、鉄冠子《てっかんし》の言葉を思い出しながら、かたく眼《め》をつぶっていました。するとその時かれの耳には、ほとんど声とはいえないくらい、かすかな声が伝わって来ました。

「心配を*おしでない。わたしたちはどうなっても、お前さえしあわせになれるのなら、それより結構なことはないのだからね。大王が何とおっしゃっても、言いたくないことはだまっておいで。」

それは確かになつかしい、母親の声にちがいありません。杜子春《とししゅん》は思わず②眼《め》をあきました。そうして馬の一《いっ》ぴきが、力なく地上にたおれたまま、悲しそうにかれの顔へ、じっと眼《め》をやっているのを見ました。③母親はこんな苦しみの中にも、息子の心を思いやって、鬼《おに》どものむちに打たれたことを、うらむ*気色《けしき》さえも見せないのです。大金持ちになればお世辞《せじ》を言い、貧《びん》ぼう人《にん》になれば口もきかない世間の人たちに比べると、何というありがたい④志《こころざし》でしょう。何という健気《けなげ》な決心でしょう。杜子春《とししゅん》は老人のいましめも忘《わす》れて、*まろぶようにそのそばへ走りよると、両手に半死《はんし》の馬のくびをだいて、はらはらとなみだを落としながら、「お母さん。」と一声をさけびました。

*未練未釈《みれんみしゃく》なく　同情することもなく。　*ところきらわず　ところかまわず。
*畜生《ちくしょう》　けもの。　*階《きざはし》　階だん。　*おしでない　してはいけない。
*気色《けしき》　何かしようとする様子。　*まろぶ　転がる。

（『杜子春《とししゅん》』芥川龍之介《あくたがわりゅうのすけ》）

① えんま大王はなぜ鬼《おに》たちに①――「二ひきの馬」をむちで打たせたのですか。正しい理由を一つ選び、○をつけましょう。　15点

（　）畜生《ちくしょう》（けもの）をにくんでいたから。
（　）杜子春《とししゅん》が苦しむ様子を見たかったから。
（　）杜子春《とししゅん》の親をにくんでいたから。
（○）杜子春《とししゅん》に何かを言わせたかったから。

② ①――「二ひきの馬」は、実はだれですか。□にあてはまる言葉を文中からぬき出して書きましょう。　20点

杜子春《とししゅん》の［父母］。

③ 何を聞いて、杜子春《とししゅん》は②――「眼《め》をあきました」か。文中から四字でぬき出しましょう。　20点

［母親の声］

④ ③――「母親」の様子とは正反対の言動の例を、文中から見つけてぬき出しましょう。　30点

（大金持ちになればお世辞を言い、貧ぼう人になれば口もきかない（世間の人たち））

⑤ ④――「老人のいましめも忘《わす》れ」た理由は何ですか。正しいものを一つ選びましょう。　15点

（　）えんま大王にいかりを感じたから。
（○）母親の強い愛情を感じたから。
（　）鬼《おに》のむちがこわいから。

34 国語6年　　国語6年 35

学習のアドバイス

5 漢字の読み方

六年生で習う漢字を中心に読み方を学習します。**2**の特別な読み方をする言葉はこのほかにもたくさんあります。「父《とう》さん」、「母《かあ》さん」なども特別な読み方です。

学習のアドバイス

6 漢字の書きとり

六年生で習う漢字を中心に書きとりを練習します。送りがなはまちがいやすいので、確実に書けるようにしましょう。わからない漢字があったら漢字辞典で意味や使い方を調べましょう。

学習のアドバイス

7 物語の読みとり

あらすじをよく読んでから全体を読み、登場人物の関係や、どのような状きょうにあるかを理解しましょう。また、杜子春《とししゅん》が声を出してしまうまでの気持ちの変化を描写から読みとりましょう。

漢字の読み方

月　日

学習のポイント
わからなかった漢字は、もう一度、練習しましょう。特別な読み方も覚えましょう。

得点　　点

シール

1 ——の漢字の読みがなを書きましょう。（1つ2点→24点）

① 疑問（ぎもん）　疑う（うたが）
② 電源を入れる。（でんげん）　川の源。（みなもと）
③ 退場（たいじょう）　社長を退く。（しりぞ）
④ 時刻（じこく）　文字を刻む。（きざ）
⑤ 四捨五入（ししゃごにゅう）　捨てる（す）
⑥ 尊敬する（そんけい）　尊い人。（とうと）（たっと）

2 次は特別な読み方をする言葉です。——の漢字の読みがなを書きましょう。（1つ2点→20点）

① 友達（ともだち）
② 部屋（へや）
③ 八百屋（やおや）
④ 迷子（まいご）
⑤ 真っ赤（か）
⑥ 景色（けしき）
⑦ 河原（かわら）
⑧ 今朝（けさ）
⑨ 果物（くだもの）
⑩ 眼鏡（めがね）

3 ——の漢字の読みがなを書きましょう。（1つ3点→36点）

① 胃腸の病気。（いちょう）
② 心臓の検査。（しんぞう）
③ わが家の系図。（けいず）
④ 先祖は武将。（ぶしょう）
⑤ 我先に走る。（われさき）
⑥ 冷蔵庫がこわれた。（れいぞうこ）
⑦ 灰色の空。（はいいろ）
⑧ 並木道を歩く。（なみきみち）
⑨ 若葉の季節。（わかば）
⑩ 展覧会に行く。（てんらんかい）
⑪ セミの幼虫。（ようちゅう）
⑫ 幕府の歴史。（ばくふ）

4 ——の漢字の読みがなを書きましょう。（1つ2点→20点）

① 裁判の結果を討論する。（さいばん）（とうろん）
② 仁義にあつく、誠実な人だ。（じんぎ）（せいじつ）
③ 県庁の移転は承知できない。（けんちょう）（しょうち）
④ 朗読会に著者が来てくれた。（ろうどくかい）（ちょしゃ）
⑤ 砂糖と卵とバターを使う。（さとう）（たまご）

漢字の書きとり

月　日

学習のポイント
画数の多い漢字も確実に覚えましょう。送りがなも正しく書けるようになりましょう。

得点　　点

シール

1 同じ部首に気をつけて□に正しい漢字を書きましょう。（1つ2点→24点）

① 切り［株］《かぶ》をぬいて、桜を植《しょく》［樹］《じゅ》する。
② 道路の［拡］《かく》張《ちょう》工事を［批］《ひ》判《はん》する。
③ 岸に［沿］《そ》って黒《くろ》［潮］《しお》が流れている。
④ ［純］《じゅん》白《ぱく》の［絹］《きぬ》糸《いと》で編まれた布。
⑤ 英語の歌《か》［詞］《し》をほん［訳］《やく》する。
⑥ 内《ない》［閣］《かく》の会議は［閉］《へい》会《かい》した。

2 ——の言葉を漢字と送りがなで書きましょう。（1つ2点→20点）

① 息をすう。（吸う）
② 花をそなえる。（供える）
③ 仏像をおがむ。（拝む）
④ 取りのぞく。（除く）
⑤ 道をさがす。（探す）
⑥ 湖にいたる。（至る）
⑦ 矢をいる。（射る）
⑧ ガラスをわる。（割る）
⑨ 手紙がとどく。（届く）
⑩ 心がみだれる。（乱れる）

3 □に正しい漢字を書きましょう。（1つ3点→36点）

① ［憲］《けん》［法］《ぽう》で定められた、国民の［権］《けん》［利］《り》。
② ［故］《こ》［郷］《きょう》の村では［養］《よう》［蚕］《さん》が盛《さか》んだった。
③ ［敬］《けい》［老］《ろう》の日に、お年寄りを［訪］《ほう》［問］《もん》する。
④ ［国］《こく》［宝］《ほう》の仏像が、世界［遺］《い》［産］《さん》に登録された。
⑤ 初めて見た［演］《えん》［劇］《げき》にとても［感］《かん》［激］《げき》した。
⑥ 横の線と［縦］《たて》の線が［垂］《すい》［直］《ちょく》に交わる。

4 ——の言葉を漢字と送りがなで書きましょう。（1つ2点→20点）

① セーターをあらうと、ちぢむので気をつけて。（洗う）（縮む）
② むずかしい宿題に、非常にこまる。（難しい）（困る）
③ 答えのあやまりを、素直にみとめる。（誤り）（認める）
④ 荷物をあずけることを、すっかりわすれる。（預ける）（忘れる）
⑤ きびしいルールだが、したがうしかない。（厳しい）（従う）

4 国語

慣用句・ことわざ

月　日

学習のポイント
さまざまな慣用句やことわざを覚えて、ふだんの会話のなかでも使えるようになりましょう。

得点　点

シール

1 （　）にふさわしい言葉を□から選んで書き、慣用的な表現を完成させましょう。 1つ4点・28点

① 安心して、（胸）をなでおろした。
② （顔）から火が出るほど、はずかしい。
③ （のど）から（手）が出るほどほしい。
④ 親の忠告《ちゅうこく》は（耳）が痛《いた》い。
⑤ えらそうな言い方が、（鼻）につく。
⑥ 委員長に（目）の敵《かたき》にされている。

顔　耳　鼻　目　のど　胸《むね》　手

2 次の慣用句の意味を□から選んで、記号で答えましょう。 1つ4点・20点

① 油を売る （ア）
② 馬が合う （エ）
③ まゆをくもらせる （オ）
④ かたの荷が下りる （ウ）
⑤ さじを投げる （イ）

㋐仕事をなまける。
㋑成功の見込《みこ》みがないとあきらめる。
㋒気になっていたことがなくなって安心する。
㋓気持ちや性格が合う。
㋔心配そうな顔をする。

3 （　）にふさわしい言葉を□から選んで記号で書き、ことわざを完成させましょう。 1つ4点・28点

① とらぬ（オ）の皮算用《かわざんよう》
② 井の中の（カ）大海《たいかい》を知らず
③ 能ある（ア）は爪《つめ》を隠《かく》す
④ 飼い（ウ）に手をかまれる
⑤ 飛んで火に入《い》る夏の（エ）
⑥ （キ）の耳に念仏《ねんぶつ》
⑦ えびで（イ）を釣《つ》る

㋐鷹《たか》　㋑鯛《たい》　㋒犬　㋓虫
㋔狸《たぬき》　㋕蛙《かわず》　㋖馬

4 次のことわざの意味を□から選んで、記号で答えましょう。 1つ4点・24点

① 木を見て森を見ず （オ）
② 亀《かめ》の甲《こう》より年の功《こう》 （エ）
③ 一寸《いっすん》の虫にも五分の魂《たましい》 （イ）
④ 弘法《こうぼう》筆を選ばず （ア）
⑤ 情けは人のためならず （カ）
⑥ ぬかに釘《くぎ》 （ウ）

㋐能力のある人はどんな道具でも使いこなす。
㋑小さく弱い生き物にもそれなりの意地がある。
㋒何をしてもまったく効果がない。
㋓年長者の経験は尊《とうと》いものだ。
㋔細かいことにこだわって全体を見わたせない。
㋕人に親切にすれば、自分にも良いことがある。

学習のアドバイス

2 同じ読み方の漢字

読み方が同じ漢字や熟語《じゅくご》はまちがいやすいので、漢字それぞれがもつ意味を考えて、使い分けるようにしましょう。2で練習したように、「税金を納《おさ》める」「箱に収《おさ》める」「国を治める」と例文も調べておくと、同じ読み方の漢字の使い分けができるようになります。

学習のアドバイス

3 説明文の読みとり

ここで説明されている「大陸移動説」の発見のきっかけと根きょ、さらに、当時はなぜ無視《むし》されたのか、現在はなぜ認《みと》められているのか、それぞれの理由をしっかり読みとりましょう。

学習のアドバイス

4 慣用句・ことわざ

漢字辞典で「手」「耳」「目」など、体の部分を表す漢字を引くと、慣用句がたくさんのっています。よく使う慣用句は、意味や使い方を調べておきましょう。文章を書くときなど、表現のはばが広がります。

2 国語 同じ読み方の漢字

月　日

1 □には同じ音読みの漢字が入ります。正しい漢字を書きましょう。（1つ2点・18点）

① キ
- ㋐ ［危］険《けん》を感じる。
- ㋑ オーケストラの指《し》［揮］をする。
- ㋒ ［貴］重品《ちょうひん》を預《あず》ける。

② カン
- ㋐ この本は全部で三《さん》［巻］ある。
- ㋑ 母は［看］護師《ごし》だ。
- ㋒ ［簡］単《たん》に説明しよう。

③ セン
- ㋐ 英語を［専］門家《もんか》に学ぶ。
- ㋑ 開会を［宣］言《げん》する。
- ㋒ 近所の［銭］湯《とう》に行く。

2 □には同じ訓読みの漢字が入ります。正しい漢字を書きましょう。（1つ4点・32点）

① さめる
- ㋐ お湯が［冷］める。
- ㋑ 朝早く、目が［覚］める。

② おさめる
- ㋐ 税金を［納］める。
- ㋑ 道具を箱に［収］める。
- ㋒ 王が国を［治］める。

③ つとめる
- ㋐ 市役所に［勤］める。
- ㋑ 進行役を［務］める。
- ㋒ 問題の解決に［努］める。

学習のポイント
音読みや訓読みが同じ漢字はいろいろあります。意味を考えて正しい漢字を書きましょう。

得点　　点

シール

3 意味のちがいに注意して、同じ読み方の熟語を□に書きましょう。（1つ4点・32点）

① いじょう
- ㋐ 今年は［異常］気象《きしょう》だ。
- ㋑ 三才《さんさい》［以上］の子ども。

② こうこう
- ㋐ 親《おや》［孝行］な人。
- ㋑ 兄は来年から［高校］生《せい》だ。

③ せいか
- ㋐ 努力の［成果］。
- ㋑ ［聖火］ランナーが走る。

④ じこ
- ㋐ 自動車の［事故］。
- ㋑ ［自己］しょうかいをする。

4 （　）の中で、漢字の使い方が正しいほうを○で囲みましょう。（1つ2点・18点）

① とつ然、クマが（表れた・**(現れた)**）と（**(想像)**・創造）してごらん。

② 私は（**(消防署)**・消防所）と（保険・**(保健)**）所《じょ》の近くに（済んで・**(住んで)**）いる。

③ 海水が（**(温かい)**・暖かい）ので水温を（**(測って)**・計って）みる。

④ なみだを流して（**(泣いた)**・鳴いた）あと鏡に（**(映った)**・写った）顔を見る。

3 国語 説明文の読みとり

月　日

1 次の文章を読んで、問題に答えましょう。

　今わかっている世界は、これまでの科学者たちの研究の積み重ねで明らかになったものです。昔の観測技術では証明できなかったことが、技術が進んだことで明らかにされることも数多くあります。

　一九一二年にドイツのウェゲナーが発表した「大陸移動説」もその一つです。

　冒険《ぼうけん》好きだったウェゲナーは世界地図をながめながら、南アメリカ大陸の東海岸とアフリカ大陸の西海岸の海岸線の形がそっくりであることに気がつきました。

　そこからさまざまな疑問《ぎもん》がわいたウェゲナーは研究を続け、地球の大陸はもともと一つで、長い時間をかけて移動し、現在の形へと変わってきたのではないかという、おどろくべき考えを発表しました。これが「大陸移動説」です。

　ウェゲナーは大陸が一つだったと考えられる理由として、二つの大陸の海岸線の地層《ちそう》が重なり合っていることだけでなく、二つの大陸で同じ生き物の化石が見つかっていること、さらに、南極大陸やインド半島には、同じ時期の氷河のあとが残っていることをあげました。

　しかし、わからないこともありました。当時の科学では、どんな力が大陸を移動させたのかを明らかにできなかったのです。

　そのため、多くの科学者は、かれの研究を①「空想的だ」と冷たくあしらい、やがて、かれの発表は人びとから忘《わす》れられていきました。

　しかし、大陸移動説は、まちがっていませんでした。地球の内部の様子を観測する技術が向上し、研究が進んだ結果、人類が現れるずっと以前から大陸を移動させ続けている地球の内部構造が、明らかになったのです。

　大陸移動説の正しさは、発表から五十年あまりをへて、ようやく認《みと》められました。

学習のポイント
文の構成に注意して読み、「大陸移動説」がどのようにあつかわれてきたか、読みとりましょう。

得点　　点

シール

① ウェゲナーが大陸移動説を思いつくきっかけになったのは、どこの海岸線ですか。二つ書きましょう。（1つ10点・20点）

（南アメリカ大陸の東海岸）と（アフリカ大陸の西海岸）の海岸線。

② ウェゲナーが大陸移動説の根きょと考えていたことを、文中から三つぬき出して書きましょう。（1つ15点・45点）

（二つの大陸の海岸線の地層が重なり合っていること）
（二つの大陸で同じ生き物の化石が見つかっていること）
（南極大陸やインド半島には、同じ時期の氷河のあとが残っていること）

③ ウェゲナーの大陸移動説が多くの科学者に①「空想的だ」とあしらわれたのはなぜですか。文中の言葉を使って書きましょう。（15点）

例（当時の科学では、どんな力が大陸を移動させたのかを明らかにできなかったから。）

④ 大陸移動説の正しさは、なぜ認《みと》められたのでしょうか。正しい理由を一つ選び、○をつけましょう。（20点）

（　）ウェゲナーの熱心な説明に多くの科学者が心を動かされたから。
（○）地球の内部の様子を観測する技術が進んで、内部構造がわかってきたから。
（　）南アメリカ大陸とアフリカ大陸がくっついていた時代の地図が発見されたから。
（　）研究が進んだ結果、昔の観測技術の正しさが証明されたから。

別冊《べっさつ》

★取り外して使えます。

夏休みドリル 国語 解答とアドバイス

小学6年

ドリルが終わったら答え合わせをして、点数をつけましょう。もし、わからなかった問題やまちがえた問題があったら、「学習のアドバイス」を読んで自分で考えたり、おうちの人に教えてもらったりして、もう一度やってください。必ず力がつきます。

学習のアドバイス

1 五年生までに習った漢字

五年生までに習った漢字は八百三十五字あります。それらの漢字の正しい読みや書き方、意味がしっかり身につくように、この機会に復習しておきましょう。

国語 1 五年生までに習った漢字

月 日

学習のポイント 五年生までに習った漢字の復習です。送りがなにも気をつけましょう。

得点 点

シール

1 ――の漢字の読みがなを書きましょう。 1つ2点〔24点〕

① 貿易会社が利益を上げる。（ぼうえき）（りえき）
② 講堂の中は混雑している。（こうどう）（こんざつ）
③ 毎月の輸入量の平均を求める。（ゆにゅう）（へいきん）
④ 太平洋の航海に興味をもつ。（こうかい）（きょうみ）
⑤ 新幹線のホームで再会する。（しんかんせん）（さいかい）
⑥ 独断で行動した責任をとる。（どくだん）（せきにん）

2 □に漢字を書きましょう。 1つ2点〔28点〕

① 暴《ぼう》風《ふう》雨《う》の予《よ》報《ほう》が発表された。
② 才《さい》能《のう》を生かして資《し》格《かく》をとる。
③ ガラス容《よう》器《き》から消《しょう》毒《どく》の薬を出す。
④ 犯《はん》人《にん》に似《に》ていると証《しょう》明《めい》する。
⑤ この国の過《か》去《こ》と現《げん》在《ざい》。
⑥ 規《き》則《そく》で飼《し》育《いく》が禁《きん》止《し》された。

3 □には同じ読み方をする漢字や熟語《じゅくご》が入ります。正しい漢字を書きましょう。 1つ2点〔18点〕

① きゅう
- 給食当番《しょくとうばん》になる。
- 持《じ》久力《りょく》をためす。
- 旧式《しき》の電話。

② さい
- 雑木林で虫を採集《しゅう》する。
- 台風の災害《がい》。
- 実《じっ》際に観察する。

③ こうえん
- 公園の遊具で遊ぶ。
- 作家の講演会《かい》。
- バレエの全国《ぜんこく》公演。

4 ――の言葉を漢字と送りがなで書きましょう。 1つ3点〔30点〕

① 新しい家にうつる。（移る）
② 勝利をよろこぶ。（喜ぶ）
③ 毛糸があまる。（余る）
④ マフラーをあむ。（編む）
⑤ 期待にこたえるために、いきおいよく走る。（応える）（勢い）
⑥ 畑をたがやすことに、ずいぶんなれる。（耕す）（慣れる）
⑦ 弟が犬をかうことをゆるす。（飼う）（許す）

46 国語6年

国語6年 47